建筑工程质量常见问题防治手册
——机电安装工程

主编单位　北京土木建筑学会

北　京

冶 金 工 业 出 版 社

2016

内 容 提 要

全书详细讲解了给排水及采暖工程、通风空调工程、建筑电气工程、智能建筑工程、电梯工程等出现的质量常见问题。本书内容翔实、重点突出、处理措施规范正确，极具前瞻性和参考借鉴价值，对直接指导现场施工和质量问题控制有着很好的示范作用。

《建筑工程质量常见问题防治手册——机电安装工程》详细阐述了各分部分项工程施工过程质量常见问题的发生现象、原因分析、预防控制及处理措施等，辅以大量现场施工的照片、图片等实例，加上详细的分析和说明，内容技术措施先进、图文并茂、简洁直观、易懂易学，方便技术人员在施工过程中掌握和应用，确保工程质量。

图书在版编目(CIP)数据

建筑工程质量常见问题防治手册. 机电安装工程 / 北京土木建筑学会编. — 北京：冶金工业出版社，2016.1

ISBN 978-7-5024-7158-3

Ⅰ.①建… Ⅱ.①北… Ⅲ.①机电设备－建筑安装－工程质量－质量管理－技术手册 Ⅳ.①TU712-62

中国版本图书馆 CIP 数据核字（2016）第 010630 号

出 版 人　谭学余
地　　址　北京市东城区嵩祝院北巷 39 号　邮编　100009　电话　(010)64027926
网　　址　www.cnmip.com.cn　电子信箱　yjcbs@cnmip.com.cn
责任编辑　肖　放　美术编辑　李达宁　版式设计　付海燕
责任校对　齐丽香　责任印制　牛晓波
ISBN 978-7-5024-7158-3
冶金工业出版社出版发行；各地新华书店经销；固安华明印业有限公司印刷
2016 年 1 月第 1 版，2016 年 1 月第 1 次印刷
787mm×1092mm　1/16；17.5 印张；471 千字；266 页
49.00 元

冶金工业出版社　投稿电话　(010)64027932　投稿信箱　tougao@cnmip.com.cn
冶金工业出版社营销中心　电话　(010)64044283　传真　(010)64027893
冶金书店　地址　北京市东四西大街 46 号(100010)　电话　(010)65289081(兼传真)
冶金工业出版社天猫旗舰店　yjgycbs.tmall.com
（本书如有印装质量问题，本社营销中心负责退换）

建筑工程质量常见问题防治手册
——机电安装工程

编 委 会 名 单

主编单位：北京土木建筑学会

主要编写人员所在单位：

> 中国建筑业协会工程建设质量监督与检测分会
> 中国工程建设标准化协会建筑施工专业委员会
> 北京万方建知教育科技有限公司
> 北京筑业志远软件开发有限公司
> 北京建工集团有限责任公司
> 北京城建集团有限责任公司
> 中铁建设集团有限公司
> 北京住总第六开发建设有限公司
> 万方图书建筑资料出版中心

主　　审：吴松勤　葛恒岳

编写人员：

崔　铮	刘瑞霞	张　渝	杜永杰	谢　旭
徐宝双	姚亚亚	张童舟	郭　冲	刘兴宇
陈昱文	温丽丹	刘建强	吕珊珊	张义昆
于栓根	张玉海	宋道霞	张　勇	李连波
李达宁	叶梦泽	杨秀秀	付海燕	齐丽香
蔡　芳	张凤玉	庞灵玲	曹养闻	王佳林

前　言

为贯彻执行住房和城乡建设部（建质〔2013〕149号）《住房城乡建设部关于深入开展全国工程质量专项治理工作的通知》精神，北京土木建筑学会组织专家学者、技术人员，收集整理各省（市）实际工作中的质量常见问题治理的一手资料，并且分专业、分部位精心编辑、整理，编制了《建筑工程质量常见问题防治手册》系列图书。

本书《建筑工程质量常见问题防治手册——机电安装工程》详细阐述了各分部分项工程施工过程质量常见问题的发生现象、原因分析、预防控制及处理措施等，辅以大量现场施工的照片、图片等实例，加上详细的分析和说明，内容技术措施先进、图文并茂、简洁直观、易懂易学，方便技术人员在施工过程中掌握和应用，确保工程质量。

本书主要包括了给水排水及采暖工程、通风与空调工程、建筑电气工程、智能建筑工程、电梯工程等出现的质量常见问题及处理措施，内容翔实、重点突出、处理措施规范正确，极具前瞻性和参考借鉴价值，对直接指导现场施工和质量问题控制有着很好的示范作用。

本书编制与审核过程中，得到各省（市）一线施工人员及领导和专家们的鼎力支持和帮助，对此我们表示衷心的感谢！

由于时间仓促，书中难免会有疏漏和错误，恳请读者和业内专家给予批评和指正。

编　者
2016 年 1 月

实例彩图下载说明

本书中所有实例照片均提供彩色图片下载；
手机端请直接扫描二维码；
电脑端请输入网址进行下载：
www.cnmip.com.cn/downloads/colorpages-9787502471583.pdf

目　　录

第一章　给水排水及采暖工程

一、给排水工程质量常见问题防治措施

1、现象及原因分析

（1）对管件、阀门、水龙头和卫生洁具等材料、配件的质量把关不严，以次充好，影响了工程的安装质量。

（2）管道的支、吊、托架数量不够，制作粗糙，安装不规范，固定不牢，管道防腐遍数少，偷工减料。

（3）饮用水管、热水管和太阳能管不使用双面热镀管，造成使用时出现锈水，污染卫生洁具，影响身体健康。

（4）卫生洁具安装不规范，浴盆底不作防水处理，浴盆排水不加返水弯，坐便器螺母不加垫圈，洗面盆配件不钻孔，致使溢流孔不起作用。

2、防治措施

（1）加强图纸会审，坚持样板开路

1）加强对设计图纸的审核，对影响使用功能的问题，应及早纠正。

2）土建专业与安装专业应加强配合，需预留的孔洞尽量提前预留，减少剔凿，保证结构工程的质量。

3）坚持样板开路，对卫生间、厨房等管道多的房间要先按设计图纸作出样板，经检查没有问题后，再用样板指导大面积施工。

（2）严把材料进场关

1）严把材料和设备的进货质量关，对管材、管件、卫生洁具等，应优先选用生产工艺、设备先进和质量保证体系可靠的厂家的产品。

2）进场的原材料和设备应有出厂合格证，规格、型号、材质和性能应符合国家有关标准和设计要求。

3）原材料和设备应进行验收、复试，防止管材壁厚薄不均，塑料管严禁使用再生原料，镀锌管件应内外镀锌，管件应配套齐全，不能过松或过紧，阀门应开关灵活、严密，卫生洁具接口应符合要求。

（3）加强管道安装阶段的质量控制

1）加强培训，提高施工人员的质量意识和技术素质，严格按照规范施工和交接检查制

度，上道工序不合格，不得转入下道工序，做好各种施工试验和隐蔽工程的验收工作。

2）生活饮用水管、热水管、太阳能管必须使用双面热镀管及管件，水平管安装的支架应使用角钢制作，应用专用工具切割、钻孔。立管直径 32mm 以上管道的管卡应用角钢制作，U 形卡用直径大于 6mm 的钢筋制作，露出螺母长度一般为螺杆直径的一半，不能过长或不露。

3）地漏一律使用深水封地漏，水封高度不小于 5cm，排水塑料管的伸缩节位置设置要正确，每层设一个，露出地面 4cm，塑料管用胶要合格，不能污染管道，安装完毕后要进行保护处理。

4）安装中注意管道坡度，地下埋设管道应认真进行水压试验，埋土夯实方法要得当。

5）管道安装完毕后做水压试验，达到设计或规范规定的耐压强度而不渗漏，才能进行下道工序。卫生洁具与管道连接应紧密，做到高低水箱安装不渗漏。

二、给水铸铁管道接口裂纹、渗水

1、现象

（1）管道有裂纹、试压时渗水。

（2）管道接口工作坑尺寸不够，影响管道接口质量。

（3）承插接口无空隙，没有变形余地，容易损坏管子接口。

（4）管子切割缺边掉角，影响接口质量。

2、原因分析

（1）铸铁管和管件在运输或装卸过程中，往往由于撞击而产生肉眼不易觉察的裂纹。

（2）技术交底不清，施工人员缺少经验或偷工减料。

（3）铸铁管剁切时用力不均匀，落锤不稳。

3、防治措施

（1）铸铁管材在运输过程中，应有防止滚动和防止互相碰撞的措施，管子与缆绳、车底的接触处，应垫以麻袋或草帘等软衬。

（2）铸铁管短距离滚运，应清除地面上的碎砖、石块等杂物，防止损伤保护层或防腐层。管端可用草绳或草袋包扎约 15cm 长，以防损坏管端，装卸管材时严禁管子互相碰撞和自由滚落，更不能向地面抛掷。

（3）管子堆放要纵横交错。向沟内下管时应采用单绳或双绳平稳的下入预定位置。

（4）管子在使用前应检查管材有无裂缝和砂眼。检查时可用手锤轻敲管身，如发出清音说明没有问题，浊音和沙哑声即为不合格。

（5）承插接管时，管端应留 3～5mm 的间隙。

（6）铸铁管剁切时，落锤要稳和准，用力要均匀，在剁切前要用石笔先画出切割线。

三、给水管水质超标、堵塞

1、现象

水质达不到管道系统运行要求，往往还会造成管道截面减少或堵塞。

2、原因分析

管道系统竣工前冲洗不认真，流量和速度达不到管道冲洗要求。甚至以水压强度试验泄水代替冲洗。

3、防治措施

用系统内最大设计流量或不应小于 3m/s 的水流速度进行冲洗。应以排出口水色、透明度与入口水的水色、透明度目测一致为合格。

四、水管水压试验后冻裂

1、现象

冬期施工水压试验时，管内很快结冰使管冻坏。

2、原因分析

冬期施工在负温度下进行水压试验。

3、防治措施

尽量在冬施前进行水压试验，并且试压后要将水吹净，特别是阀门内的水必须清除干净，否则阀门将会冻裂。工程必须在冬季进行水压试验时，要保持室内正温度下进行，试压后要将水吹净。在不能进行水压试验时，可用压缩空气进行试验。

五、生活用水水池结构不合理

1、现象

建筑物内的生活饮用水水池（箱）利用建筑物的本体结构作为水池（箱）的壁板、底板及顶盖，当结构因某些原因下沉时，引起生活用水池池壁开裂渗水。生活饮用水水池（箱）与其他用水水池（箱）并列设置时，共用一堵分隔墙，当出现墙壁裂缝时，导致生活水质受污染。

2、原因分析

（1）生活饮用水水池未采用独立结构形式。水池渗漏，使其承载力下降，从而进一步加剧结构的下沉。

（2）生活饮用水水池未单独设置。板、壁裂缝会引起不洁物渗入水池，导致生活用水水质变坏。

（3）生活饮用水的水中含有氯离子，板、壁裂缝会导致含氯水渗入建筑本体结构，对钢筋的腐蚀作用而引起对本体结构强度的损害。

3、防治措施

设计人员应认真学习规范，按规范要求进行设计。图纸审查人员，发现违反强制性标准条文的设计，应立即通知设计单位另行设计。

六、剔槽时切断钢筋

1、现象

给排水工程墙面剔槽时，剔凿建筑结构甚至切断受力钢筋，影响建筑物安全性能。

2、原因分析

建筑结构施工中没有预留孔洞和预埋件，或预留孔洞尺寸偏小和预埋件没做标记。

3、防治措施

认真熟悉暖卫工程施工图纸，根据管道及支吊架安装的需要，主动认真配合建筑结构施工预留孔洞和预埋件，具体参照设计要求和施工规范规定。

七、住宅楼室内排水管道堵塞

1、现象

工程交付使用后，因管道堵塞造成污水横流，污染生活环境，或污水沿管道通过地漏进入室内，造成地面漏水。

2、原因分析

在土建与安装交叉施工中，管道堵塞的事例很多，特别是卫生间排水管口与地漏更为严重。主要原因有以下几点：

（1）管道安装以后，管口虽然做了临时封堵，但往往被人打开，作为地面清洗的污水排出口，特别是做水磨石地面后，管道内淤积水泥浆，干硬后易造成管道的堵塞。

（2）从屋面透气管口或检查口落入木条、石渣、垃圾或砂浆等造成管道的堵塞，有时部分堵塞，在通水试验过程中未能及时发现，投入使用后发现管道堵塞。

3、防治措施

为避免交叉施工中的管道堵塞现象，在管道安装前，应认真疏通管腔，清除杂物，正确使用排水配件，管道安装时应保证排水坡度符合规范规定，安装完毕后应将排水管口及时封口。除此之外，还必须采取如下技术措施以防管道堵塞：

（1）由于建筑结构需要，当立管上设有乙字管时，应在乙字管的上部设置检查口，以便于检修。

（2）当设计无要求时，连接两个或两个以上的大便器以及三个以上卫生器具的污水横管应设置清扫口。

（3）为防止存水弯水封破坏，造成卫生器具内发生冒泡、满溢现象，应采取如下措施：

1）正压现象：污水立管的水流流速大，而污水横支管的水流流速小，在立管底部管道内的压力大于大气压，这个正压区能使靠近立管底部的卫生器具内的水封遭到破坏。因此污水管安装时，接近立管的最低横支管与立管底部应保持一定的距离，即当建筑层数为6层以下时，其距离在450～750mm较为适宜；当建筑层数为6层以上时，其距离应大于750mm。除此之外，在安装立管时，每层设置一个降噪器更为理想，让污水沿着管壁下流，既减小了管内空气压力，又减少了噪声污染。

2）负压现象：卫生器具同时排水时，引起管内压力波动，在存水弯的出口处产生局部真空，当污水立管排流量较大时，在立管上部短时形成负压的抽吸作用，而造成水封破坏。为此，防止污水立管产生负压，污水立管设置降噪器，对水封的保护是有利的。高层加专用透气管。

3）自虹吸现象：自虹吸对存水弯水封的破坏是卫生器具排水时产生虹吸作用的结果。实践证明，增大污水横支管的坡度，有利于水封的保护。为此，污水横支管安装时，对排水塑料管宜采用标准坡度，不宜采用最小坡度。

4）毛细管作用：在存水弯的排水口一侧因向下挂有毛发类的杂物，因毛细管作用吸出存水弯中的水，使存水弯水封遭到破坏。为此，当存水弯安装完毕后，应采取临时封堵措施，防止存水弯内部被杂物堵塞。

（4）排水管道安装时，埋地出户管与立管暂不连接，在立管检查口作临时支撑，及时补好立管穿越楼层的楼板洞，待确认立管固定可靠以后，拆除临时支撑物。在土建装修基本结束以后，给水明设支管安装前，对排水管道作灌水试验，证明各管段畅通后，用直通套管将立管与底层排出管连接。

（5）在分段进行排水管道的灌水试验时，放水过程中，如发现排水流速缓慢，说明水平支管内有异物堵塞，应及时查明被堵塞部位，并将杂物清理干净。

（6）为防止地漏或排水管内掉入垃圾物，所有地漏及敞开的管口安装完应及时封堵，并经常检查管口是否被打开。

（7）卫生器具就位时，先检查排水管口的临时封闭件，检查管内有无杂物，并把管口清理干净，认真检查卫生器具各排水孔确实无堵塞后，再进行卫生器具的就位。坐式大便器就位固定后，应将排出口杂物擦干净，并灌水防止油灰粘结甚至堵塞管口，安装完后及时封闭排水孔，防止污染。浴缸就位后，及时用塑料布塞住排水栓，以防堵塞。

（8）在土建进行水磨石地面施工时，应确定临时排水措施，避免用排水管道作为其排水通道。

（9）排水栓、地漏等处存水弯塞头暂不封堵，待通水试验前冲洗后再进行安装。

（10）工程竣工验收前，必须按规范对室内排水管道作通水试验，先逐个开放给水配水点，检查各排水口及立管是否畅通、接口有无渗漏；再同时开放 1/3 配水点，检查排水口是否畅通；对于设置在地面的地漏，应用橡皮管引灌，检查排水是否畅通；对立管进行通球试验，试验球的直径约为立管直径的 3/4，球从排水立管顶端投入，以落到相应的排水检查井为合格，否则要查明堵塞位置并处理。

八、UPVC 排水管安装质量常见问题

随着我国硬聚氯乙烯管材、管件生产技术和施工技术以及配套防火措施的迅速发展，特别是《建筑排水硬聚氯乙烯管道工程技术规程》（CJJ/T 29）实施以来，硬聚氯乙烯管材已广泛应用于建筑排水工程中。但在实际安装过程中常会出现一些错误的做法，导致楼板渗水、管件接头处漏水、下水不畅、室内空气污浊等情况，严重影响了用户的正常使用。

1、三通或四通

因施工人员的疏忽，将正三通或四通装入立管与横支管连接处，造成连接处形成水舌流，横支管流水不畅，排水系统气压波动大，卫生洁具的水封容易被破坏，排水管道的有毒有害气体将会侵入室内。正确的做法是在此安装斜三通或斜四通。

2、存水弯

（1）地漏下的存水弯：有些工程技术人员认为带扣碗地漏含有水封，能防臭，故不需在地漏下再安装存水弯，其结果往往因地漏水封达不到规范要求的深度（规范规定水封应大于 50mm）而被破坏，会使下水道的臭气逸入室内，影响室内空气质量。正确的做法是，在地漏下安装 P 形存水弯或采用水封深度大于 50mm 的三防地漏。

（2）洗脸盆和洗涤盆下的存水弯：在设计图表示不详的情况下，施工安装人员经常误认为洗脸盆和洗涤盆下的存水弯安装在楼板上和楼板下是一回事，其实不然。洗脸盆和洗涤盆下的存水弯因毛发、碎屑等杂物，非常容易堵塞，必要时需要打开存水弯下的检查口清通。如果存水弯安装在楼板下方，清通时就必须到楼下住户家里去，一般家庭的厨房、卫生间都会吊顶，这就非常不方便。正确的做法是，将 S 形存水弯安装在楼板的上方（但不能同时串接两个存水弯），这样住户在自家内随时可以方便清理。

3、伸缩节

在排水立管安装中，往往发现漏装或少装伸缩节，这是不符合规范要求的。因为硬聚氯乙烯管的线膨胀性较大，受温度变化产生的伸缩量较大。管道伸长或收缩就必须依靠伸缩节这个专用配件来解决。但在安装工艺上常犯的毛病是，不按当时的环境温度在管材插

口处做插入深度记号，安装后则不知道插入多深，质检人员也无法检查，容易造成天冷时插口脱出橡胶密封圈的保护范围，臭气外泄；天热时管材又无处可伸，胀坏接口。还有的把伸缩节倒着安装，也就是把橡胶密封圈一侧作为朝下的承口，造成不应有的渗漏。正确的安装方法是，当层高小于或等于4m时，污水立管和通气立管应每层设置一伸缩节；当层高大于4m时，其数量应根据管道设计伸缩量和伸缩节允许伸缩量计算确定，设计伸缩量不应大于伸缩节的最大允许伸缩量。

4、管卡安装

一些施工人员在安装管道支撑件时，不考虑管件所在位置，将所有的管卡都固定得很紧，限制了管道的伸缩，这样的做法是错误的。一般楼层立管中铺设的管卡，如果立管穿楼层时已形成固定支撑，那么该管卡只起定位作用，不能将管身箍得太紧，与管身之间应留有微隙。对于长管道，要计算出总伸缩量，按每只伸缩节允许的伸缩量选择伸缩节的数量并确定安装位置，根据管道伸缩方向确定每个支承件安装的松紧度。这样安装出来的管道才能保证质量。

5、立管与横支管的安装

由于建筑排水硬聚氯乙烯管具有较大的柔软性，易弯曲，安装不慎常出现立管达不到规范要求的垂直度，影响美观；而横支管弯曲度太大，甚至出现倒坡，导致水流不畅、接头渗水，影响正常使用。正确的安装方法是，立管需要吊正；横支管需要吊挂、支撑、校正坡度，严格按规范要求的操作程序安装。

6、出户横管与立管的连接

在一些建筑排水中，出户横管与立管的连接均采用一个90°弯头，这种做法堵塞率较高。合理的安装方法是，采用两个45°的弯头连接。

7、硬聚氯乙烯管穿楼板封堵孔洞

管道穿过楼板后，有些施工人员为了方便，不进行土建支模，仅用纸屑、碎块等杂物进行简单遮挡后用水泥砂浆填塞孔洞，加之硬聚氯乙烯管外表比较光滑，与混凝土粘结不牢固，因此容易造成严重的楼板渗水现象，影响住户正常使用。正确的做法是，用砂纸将立管外皮在结合部位打毛，使外皮粗糙，这种做法因工作量较大而且打磨不均匀，轻重深浅难以掌握。另一种方法也能达到外皮粗糙的要求，即在立管结合部做好记号，刷上一层塑料粘结剂，待塑料粘结剂形成一层薄薄的溶结层时，滚上一层中砂，待凝固后，在塑料管外形成粗糙表面，然后再用细石混凝土补洞。对于一些要求较高的施工部位，最好采用止水环，把止水环粘在立管上，一并打入混凝土中，增加结合面处水泄漏的爬行距离，一般是可以起到止水作用的。

8、防火措施

UPVC 排水管在高层建筑中应用时，一些工程技术人员没有按技术规程规定采取防止火苗贯穿的措施。正确的做法是，根据技术规程规定，立管明设且其管径大于或等于 110mm 时，在立管穿越楼层处，应采取防止火苗贯穿的措施；管径大于或等于 110mm 的明敷排水横支管接入管道井、管内的立管时，在穿越管井、管窿壁处，应采取防止火苗贯穿的措施。横干管不宜穿越防火分区隔墙和防火墙；当不可避免确需穿越时，应在管道穿越墙体处的两侧，采取防止火苗贯穿的措施，例如设置防水套管、阻火圈等。

九、UPVC 管道未采取防火措施

1、现象

发生火灾时，UPVC 管道自身不能有效地阻止火焰和烟气蔓延，加大人身伤害和财产的损失。

2、原因分析

高层建筑 UPVC 管道安装没有采取防火灾贯穿的措施。

3、防治措施

高层建筑中，立管明设且其管径大于或等于 110mm 时，在立管穿楼层处，以及管径大于或等于 110mm 的明敷排水横支管接入管井、管洞内的立管时，在穿越管井、管洞壁处均应采取防止火灾贯穿的措施。横干管当不可避免确需穿越防火分区隔墙和防火墙时，应在管道穿越墙体处两侧采取防火灾贯穿措施。

防火套管，阻火圈等的耐火极限不宜小于管道贯穿部位的建筑构件的耐火极限。防火套管宜采用无机耐火材料和化学阻燃剂制作，阻火圈宜采用阻燃膨胀剂制作，并应有消防主管部门签发的合格证明文件。

十、排水管道甩口不准、立管坐标超差

1、现象

排水主管甩口不准，立管向上施工时，离墙太近，甚至被抹入墙内。

2、原因分析

（1）在地下埋设或在管道层敷设管道时，管道和甩口未固定牢固；任意改变卫生器具型号规格，造成原甩口不好使用。

（2）施工前对配管施工方案总体安排考虑不周，对卫生器具施工尺寸、规格、型号掌握不准；墙体位置、轴线、装饰厚度施工变化过大，偏差超标，施工中甩口和立管位置、尺寸未及时纠正。

3、防治措施

（1）挖凿管道甩口周围地面，把排水铸铁管或硬聚氯乙烯塑料管接口剔开，或更换零件，调整位置，若为钢管可改变零件或煨弯方法来调整甩口位置尺寸，重新纠正立管坐标。

（2）管道安装后，管底要垫实，甩口固定牢固。

（3）编制施工方案时，要全面安排管道施工位置和标高，关键部位应做样板，并进行施工交底。

（4）卫生器具的甩口坐标、标高，应根据卫生器具尺寸确定，若器具型号、尺寸有变动，应及时改变管道甩口坐标和标高。

（5）管道甩口应根据隔墙厚度、轴线位置、抹灰厚度变化情况及时纠正甩口坐标和标高，与土建搞好配合，共同采取保护措施，防止管道位移、损坏。

十一、地下埋管渗漏

1、现象

地下埋设管道漏水管道通水后，地面或墙角处局部返潮、渗水，甚至从孔缝处冒水，严重影响使用。参见图1-1。

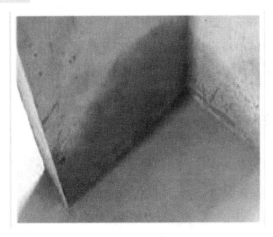

图1-1　地下埋管渗漏

2、原因分析

（1）管道安装后，没有认真进行水压试验，管道裂缝、零件上的砂眼以及接口处渗漏，没有及时发现并解决。

（2）管道支墩位置不合适，受力不均匀，造成丝头断裂；尤其当管道变径使用管补心，以及丝头超长时更易发生。

（3）北方地区管道试水后，没有及时把水泻净，在冬期造成管道或零件冻裂漏水。

（4）管道埋土夯实方法不当，造成管道接口处受力过大，丝头断裂。

3、防治措施

（1）严格按照施工规范进行管道水压试验，认真检查管道有无裂缝，零件和管丝头是否完好。

（2）管道支墩间距要合适，支垫要牢靠，接口要严密，变径不得使用管补心，应该用异径管箍。

（3）冬期施工前将管道内积水认真排泄干净，防止结冰冻裂管道或零件。

（4）管道周围埋土要夯实分层，避免管道局部受力过大，丝头损坏。

4、治理方法

查看竣工图，弄清管道走向，判定管道漏水位置，挖开地面进行修理，并认真进行管道水压试验。

十二、排水管道排水不畅

1、现象

排水管道堵塞管道通水后，排水不畅通。

2、原因分析

（1）管道甩口封堵不及时或方法不当，造成水泥砂浆等杂物掉入管道中。

（2）卫生器具安装前没有认真清理掉入管道内的杂物。

（3）管道安装时，没有认真清除管腔杂物。

（4）管道安装坡度不均匀，甚至局部倒坡。

（5）管道接口零件使用不当，造成管道局部阻力过大。

3、预防措施

（1）及时堵死封严管道的甩口，防止杂物掉进管腔。

（2）卫生器具安装前认真检查原甩口，并掏出管内杂物。

（3）管道安装时认真疏通管腔，除去杂物。

（4）保持管道安装坡度均匀，不得有倒坡。

（5）生活排水管道标准坡度应符合规范规定。无设计规定时，管道坡度应不小于1%。生活排水管道标准坡度详见下表：

表1-1　生活排水管道标准坡度

管径（mm）	50	75	100	150
标准坡度	0.035	0.025	0.020	0.010

（6）合理使用零件。地下埋设管道应使用 TY 和 Y 形三通，不宜使用 T 形三通；水平横管使用四通；排水出墙管及平面清扫口需用两个 45º 弯头连接，以便流水畅通。

（7）立管检查口和平面清扫口的安装位置应便于维修操作。

（8）施工期间，卫生器具的返水弯丝堵最好缓装，以减少杂物进入管道内。

4、治理方法

查看竣工图，打开地平清扫口或立管检查口盖，排除管道堵塞。必要时须破坏管道拐弯处，用更换零件方法解决管道严重堵塞问题。

十三、管沟开挖不合理

1、现象

（1）管沟暴露时间过长。

（2）开挖时不按规定放坡，有时标高掌握不准，有超挖现象。

（3）堆土距管沟上缘距离太近，容易塌方。

2、原因分析

（1）施工管理计划性差，工序安排不紧凑。

（2）缺乏技术交底或技术交底不清，施工过程中质量监督检查跟不上。

（3）施工人员安全意识差。

3、防治措施

（1）按规定的放坡值进行开挖，并做好沟侧壁的防护。

（2）管沟开挖后如不能立即铺管，应在沟底留15～20cm厚土层暂不挖除，在铺管时再挖至设计标高。

（3）管沟出现了超挖的，超挖部分应用原土填补或砂、石填补，并夯实至规定密实度。

（4）堆土距管沟上缘不得少于0.8m，高度不得超过1.5m。

十四、管沟上部地面裂缝

1、现象

管沟上部地面在沟宽范围内沿沟纵向出现断续裂缝，并逐渐连成条状，水从缝内渗入地面面层和管沟上部覆土内后造成填土下沉，拉裂、破坏地面，影响正常使用。

2、原因分析

（1）管沟上部覆土或两侧填土夯填质量差，不密实。

（2）安装在管沟内的给排水管道，因管道焊接头破裂或接口处理不牢靠，管道发生渗漏，再加沟内排流不畅，流水浸湿沟底地基土及沟壁外填土引起沉陷，导致管沟变形破坏，拉裂上部地面。

（3）管沟上部地面遇重型车辆通行、地面上堆积重物超出地面允许承载力时，也会发生局部开裂、下沉。

3、防治措施

（1）管沟两侧回填土质量要符合设计要求。砌筑砂浆或现浇混凝土达到一定强度（一般不小于设计强度的 75%）后，方可进行回填土施工。回填时，沟两侧应同时分层进行，以防管沟单侧挤压变形、破坏；回填土的每层虚铺厚度不得超过 25cm；分段回填土的交接处，应做成踏步形，逐层接合密实。管沟上部覆土回填，当管沟盖板采用预制钢筋混凝土盖板时，应待其安装工序（找平、坐浆、安板、灌缝）完成 2～3d 后进行；当管沟盖板采用现浇钢筋混凝土盖板时，应待其达到设计强度要求后进行。

（2）工程交工验收前，应对管沟、管道安装质量进行全面检查。管沟使用期间，建设单位、物业管理部门应定期查看，发现管道接口渗漏、沟底排水不畅等问题必须及时进行处理。

（3）杜绝重型车辆行驶及在管沟上部堆积重物。

十五、管沟内积水

1、现象

管沟内有水聚集、滞留，排流不畅。

2、原因分析

（1）沟底板混凝土浇筑、底板水泥砂浆抹面时，未按设计要求找好排水坡度。

（2）沟底板局部沉陷。

3、防治措施

（1）沟底施工时，按设计要求准确测设坡度标高控制点，混凝土浇筑、水泥砂浆抹面时严格按控制点找好坡向、坡度。

（2）使用期间，底板有凹陷、排水不畅区段时，应及时返修处理。

十六、管沟局部下沉

1、现象

管沟上方部分地面发生沉陷，管沟内对应部位可见底板断裂、凹陷以及相连沟壁拉裂、沟壁上支架歪斜，严重者造成管道变形、接口裂开、阀门失灵、漏水严重而影响使用。

2、原因分析

（1）管沟未坐落在坚实的持力层上，局部区段遇软弱地基或未按设计要求处理密实。

（2）管沟周围地面破坏严重，地面排水、雨水从地面裂缝、断裂处长期浸泡沟壁回填土和沟底地基土，地基土不均匀沉降引起管沟局部下沉。

（3）管沟内架设的管道长期渗漏、沟底纵向排水坡度不准确、排水井水满后未及时抽走等原因，使沟底的积水在防水处理薄弱部位、底板已发生裂缝处渗入基底，引起该部位地基土沉陷，导致该区段管沟下沉。

（4）有重型车辆通过或超载物品堆放，使盖板压坏，沟壁压歪，管沟下沉。

3、防治措施

（1）管沟线路一般比较长，施工时若遇不良地基应及时要求设计单位出具特殊地基处理变更单。

（2）施工中应严格按操作程序、规程要求认真作业，以确保整个地基密实一致，坚固可靠。

（3）管沟使用期间，应随时观察管沟上部地面，发现裂缝、凹陷时及时予以修复处理。当雨天或有流水经过管沟上部地面时，应观察有无雨水渗入管沟周围土中现象。一旦发现予以堵截，进行认真处理，以防事故蔓延，造成严重危害。

（4）管道通水、通暖期间，定时派人下沟内查看。发现管道有滴漏现象或沟内流水不畅、沟底板裂缝时应及时处理。集水坑内积水应随时用水泵排除掉，不得长久积存。

（5）杜绝重型车辆在管沟上部行驶，避免重物在管沟上方堆积。

十七、外墙水落管渗水

1、现象

屋面排水不畅，造成外墙沿水落管渗漏水。

2、原因分析

（1）水落管的设置有位置不当、根数太少、管径太小等弊端。如水落管少，则屋面易形成积水；水落管的管径小，则屋面上的雨水不能及时排除，如遇暴雨，雨水从天沟、檐沟等处溢水，并渗入内墙。

（2）有的工程使用质量低劣的玻璃钢或塑料制品的水落管，水落管的管身都不防水，一般沿方形水落管的四角漏水。承插接头处向上冒水，水落管的卡箍常有的箍不紧、造成水落管脱节，使用年限短，容易老化。有的钙塑管材质低劣，使用不到 3 年就已老化，有的水落管下部已破裂损坏，上部排水都从管外沿外墙面流淌。

（3）多数水落管紧靠墙面安装，常因水落管的插口处冒水，使外墙面潮湿，有时因安装水落管的卡箍不紧而脱节等原因，使上部的排水淋在外墙面上，渗入内墙面。

3、防治措施

（1）《屋面工程质量验收规范》（GB 50207）规定，水落管内径不应小于 75mm，一根水落管的最大屋面汇水面积宜小于 200m²。水落管距离墙面不应小于 20mm，其排水口距散水坡的高度不应大于 200mm。水落管应用管箍与墙面固定。接头的承插长度不应小于 40mm。水落管经过带形线脚、檐口线等墙面突出部位处宜用直管，并应预留缺口或孔洞，如必须采用弯管绕过时，弯管的接合角应为钝角。以上规定是建筑排水实践的总结，设计、建设、监理、施工等单位都必须严格执行。

（2）水落管的选用：不能采用劣质的玻璃钢水落管，须选用有生产许可证的、有检验标准的钙塑管、无缝管、镀锌管做的水落管。水落管进场后，还要进行抽样检测和试水，合格后方可使用。

（3）水落管的安装：水落管施工要在墙体抹灰前，吊好水落管的轴线，量好卡箍的规定高度钉好，卡箍钉伸入墙内不少于 100mm，严禁用小木楔固定卡箍钉的作法。钉卡箍钉时要垂直，要预留墙体装饰层的厚度，确保水落管距离墙体装饰面不少 20mm。为防止卡箍钉处渗水，在抹灰时要将卡箍钉缝隙堵嵌密实。卡箍用截面不小于 3mm×20mm 的扁铁制作，并要做好防锈处理。

（4）当高层屋面的水落管的排水流向低层屋面时，应在低层屋面上的水落口处加设钢筋混凝土水簸箕（见图 1-2）。目的是防止雨水长期冲刷损坏低层屋面的防水层。

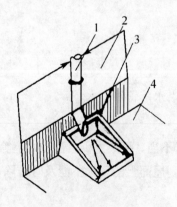

图 1-2　水簸箕示意图

1—排水管；2—上部墙面；3—钢筋混凝土水簸箕；4—低层屋面防水层

十八、回填管道夯实受损

1、现象

管道由于支承不稳固，在回填土夯实过程中遭受损坏，造成返工修理。

2、原因分析

管道直接埋设在冻土和没有处理的松土上，管道支墩间距和位置不当，甚至采用干码砖形式。

3、防治措施

管道不得埋设在冻土和没有处理的松土上，支墩间距要符合施工规范要求，支垫要牢靠，特别是管道接口处，不应承受剪切力。砖支墩要用水泥砂浆砌筑，保证完整、牢固。

十九、地漏排水不畅

1、现象

地漏排水不畅，造成地面积水。

2、原因分析

（1）排水支管内堵塞。

（2）地漏水封内有杂物。

（3）地面砖在施工过程中产生倒坡现象。

（4）地漏安装高度高于地面。

3、防治措施

（1）应对排水支管进行通水试验，保证管道畅通后，方可进行地漏施工。

（2）地漏安装标高应根据土建提供的建筑标高线进行，以略低于地面2～3mm为宜。

（3）土建工程在施工饰面砖时，应严格按事先弹好的标高线进行，防止地面砖铺贴标高低于地面，产生地面倒坡。

（4）地漏在安装使用一段时间，应定期对地漏内杂物进行清理，防止杂物掉入排水管道内。

二十、排水管道堵塞

1、现象

排水管道堵塞，造成排水不畅。

2、原因分析

（1）排水管道在施工过程中，未及时对管道上临时甩口处进行封堵，致使有杂物掉入管内。

（2）排水管道管径未按设计要求施工或变径过早，使管道流量变小。

（3）排水管道未进行通水、通球试验。

（4）排水管有倒坡现象。

3、防治措施

（1）排水管道在施工过程中的临时甩口需进行临时封堵，并保证封堵严密，防止杂物进入管道内。

（2）管道直径应严格按设计要求进行施工，严禁变径过早，造成管道流量变小，容易造成管道堵塞。

（3）保证排水管道坡度坡向立管或检查井，标准坡度为DN50=3.5%、DN75=2.5%、DN100=2%、DN150=1%、DN200=0.8%在施工过程中坡度不宜过小。

（4）排水管道在竣工验收前，必须做通水和通球试验，把排水管道内的杂物冲洗干净，防止管道堵塞现象的发生。

二十一、排水管道损坏或倒坡

1、现象

回填土施工后管道损坏或局部形成倒坡。管道发生渗漏或流水不畅、堵塞。

2、原因分析

埋设排水管道支墩不稳固，或间距超过施工规范要求。

3、防治措施

管道支墩要牢靠，当支墩超过30cm时，应分层回填土，防止挤压管道。同时严禁管道上面和两侧使用机械夯实。铸铁管道支墩间距不应大于2m。排水硬聚氯乙烯管横管直线管段支承件的间距（见表1-2）。

表1-2　排水硬聚氯乙烯横管直线管段支承件间距

管径（mm）	40	50	75	90	110	125	160
间距（mm）	400	500	750	900	1100	1250	1600

二十二、排水管道堵塞

1、现象

管道堵塞，甚至清通不成，只好截断管道重新设计安装。

2、原因分析

管道甩口封堵不及时；排水塑料管件质量粗糙，内部注塑膜未清除干净，造成管径缩小。

3、防治措施

管道安装前，首先应认真清除管道和管件中的杂物，管道甩口特别是向上甩口应及时封堵严密，防止杂物进入管道中。为了截留掉入立管中的杂物，当首层立管检查口安装后，在立管检查口处及时安装防堵铁簸箕，是行之有效的方法。具体做法是：当排水立管安装开始时，在首层立管检查口处拆除检查口盖，及时装入铁簸箕，铁簸箕前端应与管内壁贴紧，下部伸出管外。铸铁排水管使用的铁簸箕在其尾部开孔，以便将其固定在立管检查口下部的螺栓上；UPVC 管道使用的铁簸箕宜将其尾部焊接扁钢抱卡，抱紧在立管上。这样在施工过程中掉入排水立管中的杂物就可以从铁簸箕排出管外，防止进入立管底部。

二十三、排污管堵塞无法疏通

1、现象

当排污立管及横管堵塞时，无法进行疏通。

2、原因分析

铸铁生活污水立管检查口设置位置和数量不符合施工规范和管道灌水试验要求。

当排污管无法进行疏通时，只能截断管道或在管道上凿洞，给维修管理带来困难。另外托吊管为隐蔽部位，需要逐层进行灌水试验时，如果不是每层设置检查口，或污水立管与专用透气管采用 H 管件连接情况下，每层污水立管检查口不设在 H 管件以上，都将造成每层托吊管灌水试验无法进行。

3、防治措施

铸铁污水排水立管应每隔二层设置一个立管检查口，并在最底层和有卫生器具的最高层必须设置，其高度由地面到检查口为 1m，并应高于该层卫生器具上边缘 150mm，检查口的朝向应便于修理。当托吊管需进行逐层灌水试验时，应每层设置立管检查口，如果设计有专用透气管，并与污水立管采用 H 形管件连接时，立管检查口应设置在 H 形管件的上边。

二十四、排水通气管与风道相连

1、现象

影响周围空气的卫生指标，同时当通气管与风道或烟道连接时。会破坏空气的参数，往往会影响烟囱的抽力。

2、原因分析

室内的排水通气管与风道或烟道连接，以及通气管出口设在建筑物的檐口、阳台和雨篷等不合适的部位。

3、防治措施

室内排水通气管不得与风道或烟道连接，通气管出口 4m 以内有门窗，通气管应高出门窗顶 0.6m 或引向无门窗一侧，同时通气管出口不宜设在建筑物挑出部分（檐口、阳台和雨篷等）的下面。通气管的管径一般应与排水立管的管径相同，为了防止雨雪或脏物落入通气管，顶端应安装通气帽，在寒冷的地区，通气管内易结冰霜，有时通气管管径要大于排水立管管径。

二十五、排水管未做通球实验

1、现象

排水管道通水试验后没有进行通球试验。

2、原因分析

因为排水管施工到卫生洁具通水试验的周期较长，难免有些杂物落入管内，在卫生洁具通水试验时，虽然净水能够通过，但如果管内有杂物，当粪便污水通过时还会造成管道堵塞。污水管只有通过通球试验才能检验出管道真正畅通与否。

3、防治措施

排水管道通水试验后应进行通球试验，用不小于管道直径 2/3 的硬质塑料球，对管道的各立管以及连接立管的水平干管进行通球试验，具体做法是将球在立管顶部或水平干管的起端将球投入，球靠重力或水冲力，在排出口取到球体为合格。

二十六、透气管出屋顶高度低

1、现象

不上人的屋顶透气管出屋顶的高度过低时，寒冷地区的积雪使其不能达到透气效果。上人的屋顶透气管出屋顶的高度过低时，臭气影响周围环境卫生。透气罩不牢固不能保证屋顶施工中脏物落进使管子堵塞。

2、原因分析

污水透气管出屋顶的高度过低或透气罩不牢固。

3、防治措施

污水透气管出屋顶的高度必须符合规范规定的标准要求，不上人屋顶出屋顶高度 0.7m，上人屋顶出屋顶高度 2m 以上，透气罩必须使用较牢固的产品，并根据防雷要求设防雷装置。

二十七、排水管伸缩节失灵

1、现象

UPVC 排水管立管伸缩节失灵，造成管道变形损坏，横管伸缩节渗漏水。

2、原因分析

UPVC 排水管立管伸缩节安装位置不符合规范要求，横管伸缩节使用立管普通插口型。

3、防治措施

（1）立管穿越楼层处为固定支承且排水支管在楼板之下接入时，伸缩节应设置于水流汇合管件之下。

（2）立管穿越楼板层处为固定支承且排水支管在楼板之上接入时，伸缩节应设置于水流汇合管件之上。

（3）立管穿越楼层处为不固定支承时，伸缩节应设置于水流汇合管件之上或之下。

（4）立管上无排水支管接入时，伸缩节可按伸缩节设计间距置于楼层任何部位。

（5）横管上伸缩节应设于水流汇合管件上游端。

（6）立管穿越楼层处为固定支承时，伸缩节不得固定；伸缩节固定支承时，立管穿越楼层处不得固定。

（7）伸缩节插口应顺水流方向。

（8）埋地或埋设于墙体，混凝土柱体内的管道不应设置伸缩节。

（9）横管伸缩节应采用锁紧式橡胶圈管件；当管径大于或等于 160mm 时，横干管宜采用弹性橡胶密封圈连接形式。

二十八、排水管道堵塞问题汇总

1、设计问题

（1）建筑上，只考虑房间的布局而忽略排水的方便。例如某住宅楼，单元底层排水平面图如图 1-3 所示。从图中可以看出，卫生间都布置在单元中部，虽然房间布局较为合理，但却给排水带来了不便。卫生间立管到室外排水井的距离在 8m 以上。该住宅楼使用不久后，便出现了几次堵塞事故。

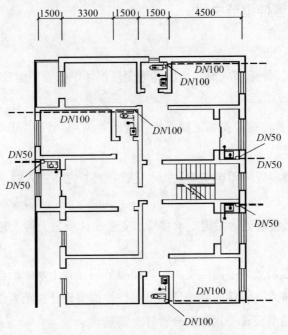

图 1-3 某住宅楼底层排水平面图

（2）室内排水与室外排水标高没有统一考虑。例如某住宅楼，土建±0.000 标高根据室外环境定得较低，而又依据自己的想象将排水管标高定为−1.000，导致最后做室外管网时坡度不够，室内出来的排水管与室外排水管几乎处于同一标高，浮起的粪便正好堵住室内排水管口，整个室内排水管闷在室外排水井污水中。因为这个原因，房屋在使用后不久便堵了数次。更为严重的是，当污水流量大时，一楼厨房地漏便普遍往上返水，出现回灌现象。所以，室内排水与室外排水一定要统一考虑、统一设计，才能杜绝中间环节出现矛盾，最终使整个系统首尾相顾。

（3）为节省材料而不考虑排水的方便。例如某住宅楼，其厨房和卫生间排水如图 1-4 所示。不难看出，从厨房出来的 DN100 总横管和从卫生间出来的 DN150 出户管在室内地下以 90°三通相连。这样做虽然能节省 1 个排水井，但这个地方在两股水的作用下很容易堵塞，且不易疏通。

（4）新建房屋的排水在利用旧管道时，没有考虑旧管道的增容问题，只为一时之便而随意乱接。

（5）没有使用有利于排水的材料（如使用铸铁管，不用塑料管）。

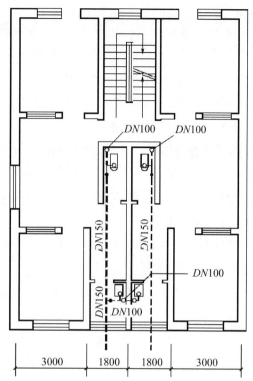

图 1-4 某住宅楼厨房和卫生间平面图（单位：mm）

2、施工质量问题

（1）安装管道时，没有认真清理管内杂物。管道甩好口后，没有及时采取有效的保护措施，致使水泥砂浆进入管道中，洁具安装前又没有认真清理管道中的杂物。

（2）管道安装坡度不正确，甚至局部倒坡。

（3）不做排气帽，或者所用的铁丝网排气帽年久腐烂，使杂物掉入管道内。

（4）管道接口零件使用不当，造成管道局部阻力过大。

3、使用和维护问题

（1）向大便器中乱扔纸张（特别是卫生纸）。柔软的卫生纸特别容易被铸铁管内壁所吸附，在没有经过彻底冲洗的情况下，纸张越积越多，就有可能堵塞。

（2）往排水管道中乱倒吃剩的饭菜，把排水管当垃圾道用。

（3）卫生器具用过之后，舍不得用水彻底冲洗，使杂物仍留滞在管道中。

（4）随意改变使用要求。

（5）有的排水井盖丢失后，长期无人问津，致使垃圾进入管道中。

（6）公共厕所缺乏管理，里面又脏又乱，很容易堵塞管道。

只要注意了以上几点，排水管道堵塞现象就可以大大减少了。

二十九、管道工程质量常见问题

1、螺纹过硬勉强用。螺纹套硬了必然会使扭的扣减少。如果强行拧紧，极易紧坏管件，一般管径在 40mm 以下的合格的螺纹应是："松三紧五梢二扣"。

2、大概尺寸凑合做。管道连接时的调整误差在 5mm 之内波动。假如用大概尺寸下料，管道势必过长或过短，造成连接困难或浪费材料。

3、马虎除锈不彻底。除锈工作没做好，在上完面漆遇潮后又会出现锈蚀，使管道使用寿命缩短。

4、拧紧螺栓过紧死。过大的预紧力会降低垫片的弹性，反而容易漏水。正确的做法是：拧紧螺栓至不泄漏且又有继续拧紧的余地。

5、重新打洞断钢筋。预留洞位置不准，重新打洞往往要切断钢筋，严重影响结构工程质量，又增加了二次浇筑混凝土的工作量。

6、套管过低水下流。套管做低了造成上层卫生间的水往下层漏。同时套管下料时应准确计算。

7、甩口不准坐标差。甩口位置不准，严重影响下道工序施工。管道甩口时，必须认真审核图纸，并根据现场实际情况，反复校核，准确无误后方可定位。

8、地漏还比地面高。需要与土建积极配合，浇筑混凝土时应及时查看，切割地漏时要精确。

9、保温做法太草率。保温施工是极为重要的，否则起不到绝热作用。扣岩棉管时纵向割缝应错开，管与管之间要顶紧，并用铁丝固定牢。包玻璃丝布要搭接严密，包扎结实，最后涂沥青漆，以减少向外散失的辐射热。

10、管道刷漆有漏涂。尤其是墙角或隐蔽部位，应用刷子仔细找两遍，并用镜子反照一下，杜绝漏涂现象。

三十、给水管网漏水的治理及检查

1、漏水治理

（1）给水系统的设计供水压力过大造成爆管漏水。给水系统设计时，必须合理确定给水系统的压力，既要避免局部供水压力不足，又要防止管网供水压力过高。供水压力过高，爆管几率增加，漏水量增大。对于水压长期过高的给水系统，可采用分区给水、分段加压的措施降低给水系统的压力，减少漏水量。对于供水量变化大的系统，应选用变速水泵，保持变量恒压供水。

（2）水管及附件质量差或使用期长而破损漏水。目前，我国室外给水管材大多采用铸铁管或钢筋混凝土管，两种管材均非理想材料。铸铁管质较脆，不耐振动和弯折，爆管几率较高；钢筋混凝土管也常因配筋不当、保护层质量差影响其使用期限。相比之下，球墨铸铁管的强度、硬度均较高，抗腐蚀性强，可以优先采用。另外，管道附件（如阀门）的质量和安装不良引起的漏水量也不容忽视，设计时应选用工作性能优良的管道附件，并且要提高施工人员的专业安装水平。

（3）管线接头不严密或基础不平整等引起管道损坏漏水。我国广泛采用的管道接头形式是承插式，接口之间的环形空隙用膨胀水泥或石棉水泥填实，这两种填充材料的刚性较强。当沿管线土质产生不均匀沉降时，致使管口接头松脱，产生漏水。故当沿管线土质不均匀时，应采用柔性接头，如各种形式的橡胶圈接口，并且要提高管道接头的施工质量，保证严密不漏水。基础的设置首先要保证平稳，要有足够的抗压强度。在泥沙地区或沼泽地带等地质松软处，不但要设置混凝土基础而且还要打桩。

（4）发生水锤导致管线破坏漏水。当突然停电、水泵机组突然发生故障或因操作不当，造成管道水流速度的急剧变化而引起一系列的压力交替升降的水力冲击现象，即为水锤。水锤的危害性比较大，严重破坏管道系统，应予以积极预防。具体措施如设置水锤消除器、空气缸，采用缓闭阀或考虑取消止举回阀等。

2、漏水检查

在管网运行中，要加强维护管理，正确判断漏水点及漏水量，采取有效的治漏措施。管道漏水有明漏和暗漏两种。

（1）明漏，可以采用直接观察法，加强管道巡查就可以发现。

（2）暗漏，通过以下方法测定：

1）听漏法。听漏法是直接利用听漏棒或半导体检漏仪找出漏水点的位置。此法简便易行，但有时会出现误听。

2）分区检漏法。分区检漏法是用水表测出漏水点和漏水量，一般宜在深夜进行。具体方法是，把整个给水管网分成小区。凡是和其他地区相通的阀门全部关闭，只开启装有水表的一条进水管上的阀门，使小区进水（见图1-5）。如果水表显示有比较大且稳定的流量，表示可能存在漏水。待查明漏水后，可按需要分成更小的区，用同样的方法继续检测。这样逐步缩小范围，再结合听漏法就可以找出漏水点的具体位置。

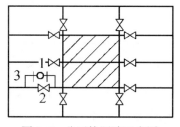

图1-5 分区检漏法示意图

1—水表；2—阀门；3—旁通管（10~20mm）

漏水点查明后要进行检修，对漏水量大的管道应更换新管道；对漏水量小的管道可以进行局部补漏。

要降低管网的漏水量，需从设计、施工和管理三方面着手，才能取得较好的效果。

三十一、配水干管接口处渗漏

1、现象

配水干管在试压和喷水灭火试验时，碳素钢管焊接接口有返潮、滴漏现象。

2、原因分析

配水干、立管焊接接口渗漏的主要原因是焊缝质量不符合要求，操作不熟练，对口无间隙；焊接电流过小，存在浮焊、假焊的现象，或大电流焊口内造成咬边、裂缝、缩孔等。

3、防治措施

（1）配水干管的焊接应按照国家现行碳素钢管焊接工程施工验收规范施工，根据图纸要求确定焊缝等级，由持证有经验的焊工施焊，并按已批准的焊接工艺进行焊接，焊接质量和焊缝尺寸必须符合规范要求。

（2）为防止焊缝尺寸产生偏差，除按焊接规范进行操作外，管子、管件的坡口型式、尺寸及组对应按设计、规范、标准等规定正确选用，或参照表 1-3 选用。

表 1-3　焊接头坡口型式及组对要求

坡口形式	壁厚 s/mm	间隙 c/mm	钝边 b/mm	坡口角度 a
I 型	$1\sim3$	$0\sim1.5$ （气焊 $1\sim3$）	—	—
II 型	$\leqslant8$ >8	$1.5\sim2.5$ $2\sim3$	$1\sim1.5$	$60°\sim70°$ $60°\sim65°$

（3）预防咬边措施：根据管壁厚度，正确选择焊条、焊接电流和速度，掌握正确的运条方法，选择合适的焊条角度和电弧长度，沿焊缝中心线对称和均匀地摆动焊接。

（4）防止焊瘤及烧穿：根据焊条的性质，选择适当的电弧长度进行焊接。

（5）防止表面和内部气孔：焊接前清除坡口内外的水、油、锈等杂物，碱性焊条必须烘干，正确选择电流和运条方法，焊接场所应有防风雨措施。

（6）预防焊口裂纹：选好合适的焊接材料和焊接规范，合理安排焊接次序，避免采用大电流焊接薄壁管。选择与母材相当的焊接材料，控制焊接速度，不使熔化金属冷却过快。不得突然熄弧，熄弧时要填满溶池。

（7）预防未焊透：正确选择对口焊接规范，如焊接电流、坡口间隙、角度、钝边厚度，运条中随时调整焊条角度，使焊条与母材金属充分熔合。

（8）从配水干管开洞焊接支管时，先在洞口内涂上防锈漆，支管不得伸入干管内焊接，支管管端应加工成马鞍形与干管焊接并焊牢，去除焊缝焊渣，焊缝涂两道防锈漆。

三十二、铸铁管承插口渗漏

1、现象

在进行管道水压试验时，管道接口处有潮湿、渗漏现象，如不处理，影响管道使用。

2、原因分析

（1）施工时接口清理不干净，填料填塞不密实。

（2）填料材料不合格或配合比不准确。

（3）接口施工后，没有认真进行养护，或冬期施工保温不好导致接口受冻。

（4）对口不符合要求，接口不牢。

3、防治措施

（1）接口施工前应认真清理管口。特别是承插铸铁管，出厂时承口内、插口外表面涂有沥青，必须采用喷灯烧烤，然后用钢丝刷清除，确保承口内和插口外表面清洁。

（2）铺设在平缓地段的承插口管道，承口应朝向来水方向；在坡度地段，承口应朝上坡，插口插入承口后，四周间隙应一致。

（3）接口一般先填油麻，深度为承口深度的1/3，然后填塞接口材料，常用的接口材料有：石棉水泥、膨胀水泥砂浆，分层填实，喷水养护。

三十三、管道立管甩口不准

1、现象

管道立管甩口不准，不能满足管道继续安装时对坐标和标高的要求。

2、原因分析

（1）管道安装后，固定的不牢固，在其他工种施工（例如回填土）时受碰撞或挤压而位移。

（2）设计或施工中，对管道的整体安排考虑不周，造成预留甩口位置不当。

（3）建筑结构和墙面装修施工误差过大，造成管道预留甩口位置不合适。

3、防治措施

（1）管道甩口标高和坐标经核对准确后，及时将管道固定牢靠。

（2）施工前结合编制施工方案，认真审查图纸，全面安排管道的安装位置。关键部位的管道甩口尺寸应详细计算确定。

（3）管道安装前注意土建施工中有关尺寸的变动情况，发现问题，及时解决。

4、治理方法

挖开立管甩口周围的地面，使用零件或用煨弯方法修正立管甩口的尺寸。

三十四、镀锌钢管焊接破损

1、现象

镀锌钢管焊接和配用非镀锌管件，造成管道镀锌层损坏，降低管道使用年限并影响供水的质量。

2、原因分析

（1）镀锌钢管的零件供应不配套。

（2）不按操作规程施工。

3、防治措施

（1）及时做出镀锌管零件的供应计划，保证安装使用的需要。

（2）认真学习和执行操作规程。

4、治理方法

拆除焊接部分的管道，采用丝扣连接的方法，非镀锌管件换成镀锌管件，重新安装管道。

三十五、管道结露、滴水

1、现象

管道结露，管道通水后，管道周围积结露水，并往下滴水。

2、原因分析

（1）管道没有防结露保温措施。

（2）保温材料种类和规格选择不合适。

（3）保温材料的保护层不严密。

3、防治措施

（1）设计中选择满足防结露要求的保温材料。

（2）认真检查防结露保温质量，保证保护层的严密性。

4、治理方法

（1）管道按要求做好保温措施。

（2）重新修整保护层，保证严密性。室内排水管道安装

三十六、地下埋设排水管道漏水

1、现象

排水管道渗漏处附近的地面、墙面缝隙部位返潮，埋设在地下室顶板与一层地面夹层内的排水管道渗漏处附近（地下室顶板下部），还会看到渗水现象。

2、原因分析

（1）管道支墩位置不合适，在回填土夯实时，管道因局部受力过大而破坏，或接口处活动而产生缝隙。

（2）预制管段时接口养护不认真，搬动过早，致使水泥接口活动，产生缝隙。

（3）冬期施工时管道接口保温养护不好，管道水泥接口受冻损坏。

（4）冬期施工时，没有认真排除管道内的积水，造成管道或零件冻裂。

（5）管道安装后未认真进行闭水试验，未能及时发现管道和零件的裂缝或砂眼，以及接口处的渗漏。

3、防治措施

（1）管道支墩要牢靠，位置要合适，支墩基础过深时应分层回填土，回填时严防直接碰撞管道。

（2）预制管段时认真做好接口养护，防止水泥接口活动。

（3）冬期施工前注意排除管道内的积水，防止管道内结冰。

（4）严格按照施工规范进行管道闭水试验，认真检查是否有渗漏现象。如果发现问题，应及时处理。

4、治理方法

查看竣工图，弄清管道走向和零件连接方式，判定管道渗漏位置，挖开地面进行修理，并认真进行灌水试验。

三十七、排水管道甩口不准

在安装排水管道立管时，发现原管道甩口不准。

1、原因分析

（1）管道层或地下埋设管道的甩口未固定好。

（2）施工时对管道的整体安排不当，或者对卫生器具的安装尺寸了解不够。

（3）墙体与地面施工偏差过大，造成管道甩口不准。

2、防治措施

（1）管道安装后要垫实，甩口应及时固定牢靠。

（2）在编制施工方案时，要全面安排管道的安装位置，及时了解卫生器具的规格尺寸，关键部位应做样板交底。

（3）与土建密切配合，随时掌握施工进度，管道安装前要注意隔墙位置和基准线的变化情况，发现问题及时解决。

3、治理方法

挖开管甩口周围地面，对钢管排水管道可采用改换零件或煨弯的方法；对铸铁排水管道可采用重新捻口方法，修改甩口位置尺寸。

三十八、管道螺纹渗漏

1、现象

管道丝扣连接处渗漏，影响管道使用。

2、原因分析

（1）螺纹加工时不符合规定，断丝或缺丝的总数已超过规范规定。

（2）螺纹连接时，拧紧程度不合适。

（3）填料缠绕方向不正确。

（4）管道安装后，没有认真进行水压试验。

3、防治措施

（1）加工螺纹时，要求螺纹端正、光滑、无毛刺、不断丝、不乱扣等。

（2）螺纹加工后，可以用手拧紧2～3扣，再用管钳继续上紧，以紧固后留出2～3扣为宜。

（3）选用的管钳要合适，用大规格的管钳上小管径的管件，会因用力过大使管件损坏，反之因用力不够致使管件上不紧而造成渗水或漏水。

（4）安装完毕要严格按施工及验收规范的要求，进行严密性和水压强度试验。

（5）螺纹连接时，应根据管道输送的介质采用相应的辅料，以达到连接严密。

（6）经试验合格的管道，应防止踩、踏或用来支撑其他物体，防止因受力不均而导致管道接口漏水。

三十九、错口焊接观感质量差

1、现象

管子错口不在一中心线直接影响焊接质量及观感质量。对口不留间隙，厚壁管不铲坡口，焊缝的宽度、高度不符合要求时焊接达不到强度的要求。

2、原因分析

管道焊接时，对口后管子错口不在一个中心线上，对口不留间隙，厚壁管不铲坡口，焊缝的宽度、高度不符合施工规范要求。

3、防治措施

焊接管道对口后，管子不能错口，要在一个中心线上，对口应留间隙，厚壁管要铲坡口，另外焊缝的宽度、高度应按照规范要求焊接。

四十、管道松动变形

1、现象

管道支架松动，管道发生变形，甚至脱落。

2、原因分析

固定管道支架的膨胀螺栓材质低劣，安装膨胀螺栓的孔径过大或者膨胀螺栓安装在砖墙甚至轻质墙体上。

3、防治措施

膨胀螺栓必须选择合格的产品，必要时应抽样进行试验检查，安装膨胀螺栓的孔径不应大于膨胀螺栓外径 2mm，膨胀螺栓应用于混凝土结构上。

四十一、管道法兰连接处渗漏

1、现象

法兰盘连接处不严密，甚至损坏，出现渗漏现象。法兰衬垫突入管内，会增加水流阻力。

2、原因分析

管道连接的法兰盘及衬垫强度不够，连接螺栓短或直径细。热力管道使用橡胶垫，冷水管道使用石棉垫，以及采用双层垫或斜面垫，法兰衬垫突入管内。

3、防治措施

管道用法兰盘及衬垫必须满足管道设计工作压力的要求。采暖和热水供应管道的法兰衬垫，宜采用橡胶石棉垫；给排水管道的法兰衬垫，宜采用橡胶垫。法兰的衬垫不得突入管内，其外圆到法兰螺栓孔为宜。法兰中间不得放置斜面垫或几个衬垫，连接法兰的螺栓直径比法兰盘孔径宜小于 2mm，螺栓杆突出螺母长度宜为螺母厚度的 1/2。

四十二、管道运行后渗漏

1、现象

管道系统运行后发生渗漏现象，影响正常使用。

2、原因分析

管道系统水压强度试验和严密性试验时，仅观察压力值和水位变化，对渗漏检查不够。

3、防治措施

管道系统依据设计要求和施工规范规定进行试验时，除在规定时间内记录压力值或水位变化，特别要仔细检查是否存在渗漏问题。

四十三、给排水管道支座松动

1、现象

给排水管道支座松动。参见图 1-6、图 1-7。

图 1-6　生活阳台给水管支座松动　　　　图 1-7　支架松动

2、原因分析

钻孔过大，膨胀管过短，支座处墙体为空心砖。

3、防治措施

（1）根据膨胀管的规格，合理选择钻头。

（2）充分考虑外保温厚度，选购长度合适的膨胀管。

（3）管道提前定位的情况下，砌体施工时将支座处的砖改成实心砖，或安装前将支座处的空心砖换成混凝土。

4、优质工程示例

参见图 1-8。

图 1-8 支架制作安装规范膨胀螺栓位置正确

四十四、管道敷设无样板间

1、现象

各房间内的水管规格相同而做法不一样，甩口尺寸不统一，造成返工。

2、原因分析

管道相同的同类型房间不做样板间。

3、防治措施

管道相同的同类型房间，如卫生间管道施工必须先做样板，检查管道横平竖直，甩口尺寸符合设计图纸及厂家样本要求，确保每个工人施工的每一间管道做法都一致，而且与其他专业不交圈的地方要进行改正。然后按照样板的做法地行大面积管道施工。

四十五、埋地高密度聚乙烯排水管道质量常见问题

埋地高密度聚乙烯（HDPE）中空壁缠绕结构排水管是一种新型绿色化学管材，因其耐腐蚀、抗振动性能好、排水阻力小、重量轻、施工方便、综合造价低而在工程中得以推广应用。

1、管道与检查井接口出现拔口，管壁周边裂缝渗漏

（1）管基沉降。管道基础在一般土质地段可采用砂垫层，对软土地段宜采用砾石砂层，且用中粗砂找平。垫层厚度、宽度应满足设计要求，密实度不小于90%。可采用短管连接减少管基沉降对管道与检查井接口的影响，即直接与检查井接口的连接管长度宜采用0.5～

0.8m，后面再与整根管连接。

（2）管材伸缩。管材热胀冷缩，因此选用的管材应符合国家现行的塑料产品行业标准《高密度聚乙烯缠绕结构壁管材》CJ/T 165，并应有质量检验部门的产品合格证。施工时，两井之间的管材定位后，宜先进行中间管连接，连接检查井的短管后接。管道隐蔽工程验收合格后应立即回填，减少管道的暴露时间。

（3）管道与检查井连接处理不当。施工前将与检查井接合部分的管道外表面清理干净，用能与管材良好粘结的塑料胶粘剂均匀涂抹，紧接着在上面撒一层干燥的粗砂，固化10～20min，形成表面粗糙的中介层，设置止水圈，然后用水泥砂浆砌入检查井井壁内，砂浆应填充饱满，以保证管道与检查井紧密结合，防止结合处渗水。

2、管道接头渗漏

连接管材所用的管件，必须与管材的规格配套，管件无缺陷，两端平整并与轴线垂直。管材外壁应保持洁净，接口充分接触。接头形式应根据设计要求采用。在常用的电热熔焊连接带及承插式电热熔接头中，电流不稳定，通电时间过短、过长是造成接头渗漏的主要原因，施工过程应按要求严格控制。

3、管道上浮、位移

由于管道质轻，地下水位较高时，管道易上浮。施工过程中可设置排水边沟、集水井及时降低地下水，地下水位应降至槽底最低点以下0.3～0.5m，沟槽内不得积水，严禁在水中施工。管道回填应分层对称回填、夯实，以确保管道及检查井不产生相对位移。从管底基础部位至管顶以上0.7m范围内必须用人工回填、夯实。另外，当采用中粗砂回填时。可能由于砂层的灌水振实而使管道上浮、偏移，可采用砂包固定管道。施工过程中应加强对管道及检查井高程、位移测量。

4、管道损坏、变形

管材的装卸、运输、堆放、下管吊装应轻卸轻放，不得落地拖滚和互相撞击，避免损伤、变形。严禁将管材由槽顶滚入槽内，起重机下管时应用软质缆绳捆扎牢固，两点起吊，严禁用绳子穿心吊装。管顶0.5m以内回填土不得含有石块、砖及其他坚硬带有棱角的大块物体，管顶以上0.7m范围内严禁使用机械推土辊压回填。管道铺设后应进行变形检测，管材局部损坏面积较小时，可采取修补措施。当变形或损坏超过规定范围时，应更换、重新铺设。

四十六、混凝土排水管道基础变形过大

1、现象

管道基层混凝土浇筑后起拱、开裂甚至断裂。

2、原因分析

（1）槽底土质松软，含水量高，地下水、泉眼、污水冲刷等。

（2）混凝土强度不够，基座厚度不足，不符合设计要求，混凝土养护龄期不够。

（3）管道基础穿过地震断裂带及地基土为可液化土地段。

3、防治措施

（1）管道基槽开挖要严格按标准要求施工，基础混凝土浇筑的支撑要符合要求。

（2）水泥混凝土拌制应用机械搅拌，材料级配正确，控制水胶比。在雨期浇筑混凝土时，应降低水胶比，严格控制拌合物坍落度，准备好防雨措施。做好每道工序的质检，未达到标准宽度、厚度的应返工重做。

（3）如果遇土质不良、地下水位高，必须采取人工降水措施或修复井点系统，待水位降至槽底以下时，再重新浇筑混凝土。

（4）基础混凝土局部起拱开裂时应进行局部修补，凿毛接缝处洗净后，补浇高一个强度等级的混凝土。

四十七、混凝土排水管道基础偏差

1、现象

边线不顺直，宽度、厚度不符合设计要求。

2、原因分析

（1）挖土操作不注意修边，产生槽底宽度不足。采用机械挖土极易造成折点或宽窄不一。

（2）测量放线人员工作出现差错。

3、防治措施

（1）采用横列板支撑时，强调整修槽壁必须垂直，当支撑造成基础宽度不足时，需将凸出的横列板自上而下逐步地边支撑修正，直到满足基础宽度为止。

（2）采用钢板桩支撑时，首先要检查钢板桩本身有无弯曲。施打钢板桩时，必须控制线形和垂直度。钢板桩支撑发生向内倾斜且数量不多时，可采取局部拆除，待修正槽壁后，用板补撑，否则必须对沟槽支撑返工。

（3）严格测量放线复核制。属于测量放线差错需要变更设计的，要征得设计单位的许可，进行变更设计，否则应返工。

四十八、混凝土排水管道铺设偏差

1、现象

管道不顺直，落水坡度错误，管道位移、沉降等。

2、原因分析

（1）管道轴线线形不直，又未予纠正。

（2）标高测放误差，造成管底标高不符合设计要求。承插管未按承口向上游、插口向下游的安装规定。

3、防治措施

（1）在管道铺设前，必须对管道基础认真复核，一旦发现管道铺设错误，应当及时予以纠正或返工。

（2）管道铺设操作应从下游排向上游，承口向上，切忌倒排。

（3）采取边线控制排管时，所设边线应绷紧，防止中间下垂。采取中心线控制排管时，应在中间铁撑柱上画线，将引线扎牢，防止移动，并随时观察，以防外界扰动。

（4）在管道铺设前，必须对龙门板再次测量复核，待符合设计高程后，开始排管。

四十九、混凝土排水管道接口渗漏

1、现象

当排水管道交付使用后，出现管道接口渗漏，致使覆盖土层流失，导致沉降、管道断裂等现象。

2、原因分析

（1）在排设混凝土承接管时，承口坐浆不饱满。使用砂浆的配合比不符合要求，强度不够或强度虽够，但使用时间已超过45min。

（2）管道接口未充分湿润养护。混凝土管材本身质量差。

3、防治措施

（1）对所用的管材必须严格检验，特别是卸管后，要再检查有无损伤、裂缝，管口有无缺陷。发现上述问题应予剔除。

（2）凡采用刚性接口的，应用清水将管口洗净，并保持湿润。有毛口的要凿净，所用砂浆或细石混凝土的配合比应符合设计规定。

（3）发现裂缝、起壳、脱落等情况，应凿除后重新按程序施工。

五十、混凝土排水管道护管质量差

1、现象

与基础不成整体，强度不足，尺寸不符，管节松动等。

2、原因分析

（1）在浇筑护管混凝土前，未将混凝土基础表面冲洗干净。混凝土级配未达到设计标准，或拌合不匀，振捣不密实。

（2）浇筑混凝土时，两侧没有同步进行，单边浇筑。支模不符合要求，包括护管宽度不足，模板高度不够。

3、防治措施

（1）在浇筑护管混凝土前，必须将混凝土基础表面冲洗干净，不留泥浆和积水。

（2）水泥混凝土拌制必须符合设计标准。操作人员应分两侧同步进行浇筑，并用插入式振捣器振捣密实。

（3）支模后必须进行工序检查，符合宽度、高度要求，模板接缝要严密。水泥混凝土护管如果其宽度、高度、蜂窝面积超过允许偏差时，必须拆除重新浇筑混凝土。

五十一、混凝土排水管安装缺陷

1、现象

中线位移过大，局部管道反坡，管道错口，影响管道的排水功能，增加管道淤塞机会。

2、原因分析

（1）安管时支垫不牢；管沟回填土时，单侧夯填过高，土的侧压力推动管子位移。

（2）标高测量出现错误。

（3）管壁厚度不一致，有的椭圆度误差超标。

3、防治措施

（1）采用挂中线安管，线要绷紧，安装过程中要随时检查。

（2）在调整每节管子的中心线和标高时，要用石块支垫牢固。

（3）管沟回填时，管道两侧应同时进行。

（4）强化管材质量验收，误差超标的管材不得使用。

（5）对局部管道返坡、个别管道错口有可能造成杂物沉积堵塞的，应返工重新安装。

五十二、混凝土排水平口管接口质量差

1、现象

（1）管道接口部位的水泥砂浆或钢丝网水泥砂浆抹带裂缝、空鼓，造成污水外渗。

（2）抹带砂浆凸出管内壁，形成砂浆瘤，阻挡泥沙、杂物，减小排水断面，降低过流量，严重的会造成管道堵塞。

（3）钢丝网水泥砂浆中的钢丝网中线偏离管道接缝，容易造成接口破坏。

2、原因分析

（1）抹带砂浆的配合比不当，管口部位没有凿毛洗净，影响粘结强度；抹带结束后没

有覆盖，或养护不及时，造成抹带砂浆失水干缩；抹带砂浆没有分层成活，砂浆不密实。

（2）管缝过大，且未采取预防砂浆渗漏的措施。

（3）施工人员责任心差，随意操作。

3、防治措施

（1）管端要刷洗干净，涂抹一层水泥净浆，再分二层抹 1：2（重量比）水泥砂浆。抹完第一层后，在表面划出沟槽形成粗糙面；初凝后再抹第二层，并用抹子（弧形环带用特制的圆弧状抹子）压实抹光，并用草帘覆盖养护。

（2）管端接缝宽度超过 10mm 的，抹带时要在管内接口处用竹片做一堵托，用砂浆将管缝塞满捣实，再分层抹带；小于 10mm 的，抹带时可用装满麦秸的麻袋在管道内来回拖动，将渗入缝内的砂浆拖平。

（3）抹带砂浆裂缝空鼓、钢丝网与管缝对中误差较大的，应返工处理。

五十三、检查井砌筑质量差

1、现象

砖砌检查井灰缝砂浆饱满度达不到要求，竖缝无砂浆，瞎缝多；砂浆与砖粘结不牢；井口、井壁形状不规则，竖向收口锥形断面坡度不一致。

2、原因分析

（1）拌制的砂浆和易性差。

（2）操作方法不正确，砌砖时不挤浆，砌完一层砖后又不往竖缝内灌浆，造成竖缝无砂浆。

（3）用干砖砌筑，砂浆中的水分被干砖吸收，砂浆流动性、可塑性差；干砖表面灰尘起隔离作用，影响砖与砂浆的粘结。

（4）施工人员凭感觉砌筑，不使用工具找圆和检查井室半径；施工监督检查不到位。

3、防治措施

（1）砂浆采用中、细砂，随拌随用，以保持较好的和易性。

（2）砂浆一次不可摊铺过长，每砌完一层砖后用流动性较好的砂浆灌缝，确保竖缝砂浆饱满。

（3）常温季节严禁用干砖砌筑，必须提前浇水洇砖，使砖的含水率达到 10%～15%。冬期施工时砖可不用浇水湿润，但应适当加大砂浆稠度。

（4）安排有经验的工人进行砌筑，加强质量监督和检查。每砌一层砖均应找圆并复核半径，井径误差控制在±20mm。

五十四、井圈安装缺陷

1、现象

（1）铸铁井圈安装在砖砌井壁上不坐水泥砂浆，造成井圈移动，泥土或杂物掉入下水管道，使管道淤塞。

（2）井圈安装高出地面或低于原地面很多，既影响通行又容易撞击损坏或常被雨水淹没并进入杂物。

2、原因分析

（1）检查井上口、井圈标高控制不严，与周围偏差大。

（2）检查井井圈、井盖与井口安装不牢、相互松动、整体性差，井圈与井壁未结合为一体。

3、防治措施

（1）井圈与砖砌井壁上口必须坐水泥软浆。在有路面面层的道路上的检查井，井圈必须用混凝土固定，高度允许偏差为±5mm；在没有路面面层的道路上砌筑的检查井，井口应高于道路，但不得超过50mm，并向外做2‰坡度的水泥砂浆护坡；在场区绿地上砌筑的检查井，井口应高出地面200mm。

（2）设在通车路面下或小区道路下的各种井室，必须采用重型井圈和井盖，井盖上表面与路面平，允许偏差为±5mm。绿化带上和不通车的地方可采用轻型井圈和井盖。重型铸铁或混凝土井圈，不得直接放在井室的砖墙上，砖墙上应做不少于80mm厚的细石混凝土垫层。

（3）对检查发现不合格的部位，返工重新安装。

五十五、井室尺寸及管件和闸阀位置不规范

1、现象

井室设计尺寸太小，或管件和闸阀距井壁与井底的距离太近，影响管件和闸阀的正常维护及拆换，有的甚至将接口和法兰砌在井外，正常的维修都会使井室受到损坏；管道穿过井壁在井壁上不留防沉降环缝，检查井不均匀沉降把管道压坏。

2、原因分析

（1）设计、施工考虑不周，土建与安装配合不够，互不照应，导致偏差过大。

（2）质量控制不严，施工过程中缺少有效的监督和检查。

3、防治措施

（1）认真组织施工前的图纸会审，发现问题及时与设计单位联系解决。

（2）井室的尺寸、管件和闸阀在井室内的位置，应能保证管件与闸阀的拆换。接口和法兰不得砌在井外，且与井壁和井底的距离一般不得小于 250mm。管道穿过井壁应有 20～50mm 的环缝，用油麻填塞捣实。

（3）对检查发现不合格、不能进行正常管道维护的部位，返工重做。

五十六、地漏周边积水

1、现象

地漏汇集水效果不好，地面上经常积水。

2、原因分析

（1）地漏安装高度偏差较大，地面施工无法弥补。

（2）地面施工时，对做好地漏四周的坡度重视不够，造成地面局部倒坡。

3、防治措施

（1）地漏的安装高度偏差不得超过允许偏差。

（2）地面要严格遵照基准线施工，地漏周围要有合理的坡度。

4、治理方法

将地漏周围地面返工重做。

五十七、卫生间管道安装破坏楼面结构

1、现象

在进行管道安装时，常发生卫生间楼面被破坏的现象。

2、原因分析

（1）在安装管道时，发现预留洞口遗漏或位置不准确，只好直接在楼板上打洞，或将洞口向外扩大。用大锤、钢钎直接砸、凿楼面，致使洞口外围一定范围内的混凝土劈裂、疏松。

（2）施工时，未对预留洞口处钢筋做调整处理，使管卡子无法穿过，此时随意将双向钢筋全部切断，而在最后堵塞洞口时，对切断钢筋又不加以重新对接或补强，结果造成很严重的结构隐患。

（3）穿管结束后，对洞口进行堵封处理时，不认真负责，致使管周封口不严，发生渗、漏水现象。更为危险的是，经过长期受水浸湿，板中钢筋会发生慢性锈蚀，危及楼面结构。

（4）卫生间内各种管道密集，楼板上洞口较多，卫生间一般多采用现浇板结构，目的就是为了增强结构的整体性和防水性。较大面积的凿洞、断筋，最后再二次灌浆，结果很

容易造成渗漏现象，并最终危及结构的安全。

3、防治措施

（1）宜把卫生间凿洞穿管作为当前质量常见问题中的重点问题，常抓不懈。建议把楼板预留孔洞作为一个分项工程来对待，从洞口的位置、间距、开洞的面积、钢筋的处理直至穿管后洞口的封闭，都要予以逐个检查验收，合格后方可进入下道工序的施工。

（2）管道口要提前预留，不得后凿；洞口位置应依据设计图纸准确定位。如果图纸上未给出留置洞口大小，则应在问明有关人员后施工。

（3）遇到钢筋处理的问题，要按照混凝土板留洞的构造规定操作，必要时需要在洞口周围设置加强钢筋。

五十八、厨房、卫生间给排水管道根部渗漏

1、现象

某小区工程，竣工交付 3 年后部分卫生间存在渗漏现象。

2、原因分析

由于厨房、卫生间穿越楼板部位的 PPR 或 PVC 给排水管与混凝土楼板的线膨胀系数相差很大［常温下混凝土为 $1×10^{-5}/℃$，PPR 或 PVC 管材为（$6～7$）$×10^{-5}/℃$］，长时间无人居住的室内，冬夏没有采暖制冷设备，经过几次季节性冷热冻融循环后，给排水管与混凝土楼板连接处出现了缝隙。个别管根部混凝土的强度和密实性较差，混凝土本身的刚性防水效果也不佳。

同时，管根上返的 SBS 卷材与管材之间也因冷热循环而出现缝隙，甚至使卷材松脱（SBS 卷材与 PPR、PVC 管材的粘结力较小，仅为卷材与混凝土粘结力的 1/6）。下图管根渗漏示意图这样，卫生间的水就顺着 SBS 与管材间的裂缝、管材与混凝土楼板间的裂缝渗漏到下一层（见图 1-9），出现了或轻或重的卫生间洇水、渗水现象。

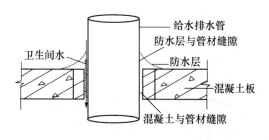

图 1-9　管根渗漏示意图

3、治理方法

（1）首先剔开卫生间穿楼板管道处的保护层，并将基层清理干净，确保表面干燥、不

洇水。剔除时，从管根向四周剔除，保护层剔除半径不小于 250mm，防水层剔除半径约为 100mm。注意剔除管根处保护层时，不得将 SBS 防水层破坏。若有局部破坏，应加大该处保护层的剔除面积，并于破损处刷聚氨酯涂料 3～4 遍，聚氨酯与周围卷材搭接宽度不小于 80mm。

（2）查看管根混凝土是否坚硬密实，如不密实将其凿除，刷加胶水泥浆处理基层后，浇筑掺入抗裂防水剂和微膨胀剂的高强度等级细石混凝土，将细石混凝土浇至板厚的 2/3 处并振捣密实，凝固后作 4h 蓄水试验。如不渗漏，使用抗掺抗裂防水剂的水泥砂浆将剩余 1/3 空档抹平压实，注意在管根周围应留出深、宽分别为 20mm 的凹槽。

（3）待根部混凝土及砂浆达到一定强度后，使用聚氨酯密封膏将管根凹槽填满压实，并作圆弧形处理，圆弧半径 20～30mm。

（4）在管根及其周围刷与聚氨酯涂料材性相容的基层处理剂一道。

（5）基层处理剂干燥后，在管根处刷聚氨酯涂料 4～5 遍，与原 SBS 卷材搭接宽度不小于 100mm，其返管高度不小于 200mm，每次涂刷均在前一遍干燥成膜后方可施工。保证成型后聚氨酯涂膜厚度不小于 2mm。注意每遍涂刷均应先刷管根部位，再刷楼面及管材上返部位，且每遍涂刷方向应相互垂直。

（6）聚氨酯施工完毕且干燥成膜后，在管根周围砌筑砂浆蓄水圆台（圆台大小以超出聚氨酯与原 SBS 搭接部位为准），进行 24h 蓄水试验。若管根仍有渗漏，则查找原因重新维修。

（7）若已无渗漏，则在聚氨酯涂膜上铺贴 SBS 卷材，与周围原 SBS 卷材搭接宽度不小于 50mm；其返管高度不小于 250mm，并用管卡固定牢固。

（8）将管根处剔去的砂浆保护层重新做好，保护层在管根处应抹出 3%～5% 的排水坡度。

（9）进行整个卫生间楼面 48h 蓄水试验，若还有渗漏，则再查找其他渗漏部位以及原因并进行维修，直至彻底解决卫生间的渗漏问题为止（见图 1-10）。

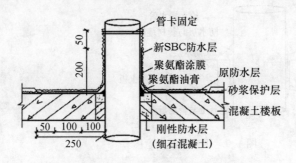

图 1-10　管根渗漏处详图（mm）

五十九、管道排污不畅

近年来建设的小型住宅区常出现排污不畅的问题，给居民带来诸多不便，而且对城市环境造成污染。

1、原因分析

（1）设计问题。开发商对小型住宅区的室外管线设计不重视，一般待住宅楼接近竣工时，才进行室外管线的设计。这时住宅楼的排水出户管已经定位，设计者只能以始端排水出户管的管底标高和市政干管接纳处管底标高的落差来计算坡降，十分被动。如果落差较小，就将排水坡度降至最小，甚至加大管径以减小坡度，致使出现排水流速小于自净流速，污物沉积造成排污不畅。

排水出户管口与室外窨井出污口管底平接，大股水冲下时，污水首先从排水出户管口冲出，然后再回灌，降低流速污物沉积。进污口闷入污水中，不利于疏通清理。

当内外落差过小时，因受基础梁的限制，为增加始端部分排水出户管的标高，只得从梁的顶部穿过，再向下经两个90°弯头进入室外窨井，会增加堵塞的机率和疏通难度。

（2）施工问题。住宅区室外排水工程的施工单位，不受资质约束，相当一部分工程由无资质的民工队承揽，施工人员素质参差不齐。住宅区室外排水工程未列入政府质监部门监督范围，竣工验收不规范，也不给予质量等级评定。

由于缺少必要的监督和约束，施工中极易出现偷工减料和工种间配合不当的现象。如材料不合格，标高不到位，找坡不准确，管底软土未能按要求夯实，污水管接头有渗漏现象，质量保证资料严重缺项，甚至无交工资料，化粪池和窨井未能严格按标准图施工等，都有可能造成排污不畅。

2、防治措施

排水管属重力流，其始端管底标高值直接控制着下游各段管底的标高，因此确定始端管底标高是非常重要的。应先作室外排水工程设计，根据排水要求的坡降，确定始端管底标高。后作住宅楼设计，排水出户管的标高根据室外排水管标高而定。

排水坡度宜采用标准坡度。管道在窨井内的衔接宜采用管顶平接，使下游管底和水位始终低于上游，以防止因水位突然涌高而产生回水、降低流速和沉积污物。

由于受内外落差的限制，不能随意加深污水干管深度，可适当抬高排水始端住宅楼的±0.000，在上游地面上垫土等。在能保证排水出户管最小覆土厚度的情况下，与结构专业协商，局部降低基础梁标高，使排水出户管从梁顶部穿过时，保证其直线排出，并满足其管底能高出室外窨井中出污混凝土涵管2/3口径。

选择有相应资质等级的施工企业承包室外排水工程，加大工程建设的监理力度，严格检查验收，确保施工质量符合设计和施工规范要求。

六十、排污管预埋套管低于立管三通

1、现象

排污管预埋套管低于立管三通，此现象易发生在两相邻的卫生间共用一根排污立管的时候，两卫生间之间的梁上排水管套管低于立管三通。参见图 1-11。

图 1-11　生活污水管套管埋设过低

2、原因分析

（1）结构施工预埋套管时与卫生间底板的关系控制不准确。

（2）三通安装时没有顾及套管高度的相互关系。

3、防治措施

（1）套管预埋时考虑稍高一些。

（2）先安立管时尽可能将三通的高度降低。

六十一、污水管道阻塞

1、现象

污水管道发生阻塞时，无法正常打开清扫口或检查口进行清通。

2、原因分析

连接两个及两个以上大便器或三个及三个以上卫生器具的污水横管起端处不设置清扫口，或将清扫口安装在楼板下托吊管起点；在污水横管的直线管段或在转角小于 135°的污水横管上，不按施工规范规定，设置检查口或清扫口。

3、防治措施

污水管道当连接两个及两个以上大便器或三个及三个以上卫生器具时应在起端处设置清扫口，同时当污水管在楼板下悬吊敷设时，宜将清扫口设在上一层楼板地面上，方便管道清通工作。在污水横管转角小于 135° 时，以及污水横管的直线管段上，应按规定设置检查口。

六十二、室内供暖系统渗漏

1、现象

住宅水暖工程发生渗漏现象。

2、原因分析

（1）承压管道设备未按规定试压，甚至不试压。

（2）管道过楼板套管设置不当。

管道穿过楼板时，应设置金属或塑料套管。安装在楼板内的套管，其顶部应高出装饰地面 20mm；安装在卫生间及厨房内的套管，其顶部应高出装饰地面 50mm，底部应与楼板底面相平。套管与管道之间的缝隙应用阻燃密实材料和防水油膏填实，端面光滑。有些工程设置的套管与要求恰恰相反，顶部与装饰地面相平，且套管与管道间隙又不用填料密封，地面一旦积水就会沿套管下滴。

（3）立管穿越楼板的预留孔洞的尺寸及堵孔不符合要求。由于预留孔洞尺寸偏小，不利于堵塞，孔洞堵得不好，易造成地面积水从堵洞周围渗漏。

（4）卫生设备安装不牢、不稳，一经碰晃、振动，引起管道及配件接口松动或错口，造成漏水。

（5）管道连接处理不当。

管道螺纹连接时：

1）套螺纹不合格，断螺纹、乱螺纹、缺螺纹严重。

2）螺纹连接松紧度不合适，连接过松不是重新套螺纹，而是用大量的麻丝和生胶带来弥补。

3）螺纹连接，所用填料不合格。

4）管道支架安装不符合要求，造成管道受力不均，造成接口松动，甚至断裂。

管道粘结：

1）承插接口处理不当，造成粘结不牢。

2）管端插入承口的深度不符合要求。

3）胶粘剂涂刷不均、漏涂，造成粘结不好。

4）粘结时，承插口未固化就搬动。

（6）排水管甩口位置留置不当，造成卫生器具与排水管甩口连接不严密。

（7）水暖材料、设备不合格。例如管材有裂纹，管件、散热器有砂眼，散热器垫片材质为非耐热橡胶。

3、防治措施

（1）重视水暖渗漏问题，提高工人的技术水平和工作责任心，健全工程质量保证体系。

（2）严把材料关，杜绝不合格材料进入施工现场。

（3）各种承压管道系统和设备应作水压试验，非承压管道系统和设备应作灌水试验，试验的要求按有关规定执行。

（4）管道穿过楼板时，设置的套管顶部高度以及套管与管道之间缝隙的填材要符合有关规定。管道穿过楼板的孔洞尺寸要符合要求，堵孔时，孔洞底要托板，用高于楼板强度等级的细石混凝土浇筑、捣实。

（5）管道支、吊架安装平整牢固，位置正确。

（6）依据工程设计、有关规定和工程实际情况留置排水管道的甩口。

（7）管道连接要按照有关规定执行。如建筑排水硬聚氯乙烯管道粘结，应将承口内侧和插口外侧擦洗干净，以保证粘结面洁净。当表面沾有油污时，应用棉丝蘸丙酮等清洁剂擦净。用油刷涂抹胶粘剂时，应先涂承口内侧，后涂插口外侧。涂抹承口时应顺轴向由里向外，涂抹均匀、适量，不得漏涂或涂抹过厚。承插口涂刷胶粘剂后，宜在 20s 内对准轴线一次连续用力插入，管端插入承口深度要符合要求，插入后旋转 90°。插接完毕后，应即刻将接头外部挤出的胶粘剂擦净，并避免受力，静置至接口固化为止。

六十三、散热片安装缺陷

1、现象

（1）散热片安装不牢固，带腿落地安装散热片不平稳。

（2）接口处松动，有漏水现象。

（3）散热片安装距墙距离不符合规定。

2、原因分析

（1）挂装散热片的托钩强度不够，散热片受力不均，托钩数量不够或安装不牢；落地安装散热片腿片着地不实，或者垫得过高、不牢。

（2）散热片接口漏的原因除未按规定试压外，如存放、运输不当，使接口处承受剪力，也会重新造成接口漏水。

（3）托钩安装尺寸不对或进行散热片接管时尺寸不准也能使散热片距离过大或偏小。

3、防治措施

（1）散热片托钩的数量及位置应符合表 1-4 要求，散热片托钩栽入墙内深度不得小于 120mm，堵洞应严实牢固。

（2）散热片组对后，应进行水压试验，合格后在运输、存放过程中均应注意，一般须立放。如平放时底面各部位必须受力均匀，防止接口受折造成漏水。

（3）落地安装的散热片，各腿均应着地，如果需要加垫调整时，应使用铅垫。

（4）为了保证散热片中心距墙表面的规定距离，必须在栽托钩时就计算好。装好散热片后应再次进行测量改正。然后以散热片的位置为准进行配管连接。

表 1-4　散热片托钩位置及数量

散热器型号	每组片数	上部托钩或卡架数	下部托钩或卡架数	总计
60 型	1	2	1	3
	2～4	1	2	3
	5	2	2	4
	6	2	3	5
	7	2	4	6
M_{150}^{132} 型	3～8	1	2	3
	9～12	1	3	4
	13～16	2	4	6
	17～20	2	5	7
	21～24	2	6	8
柱型	3～8	1	2	3
	9～12	1	3	4
	13～16	2	4	6
	17～20	2	5	7
	21～24	2	6	8
四翼型	1	—	—	2
	2	—	—	3
	3～4	—	—	4
圆翼型	1	2	2	4
串片型	每根长度小于 1.4m			2
	长度在 1.6～2.4m			
	多根串联托钩间距不大于 1m			3

注：1. 轻质墙结构，散热器底部可用特制金属托架支撑。

2. 安装带足的柱型散热器，所需带足片，14 片以下为 2 片，15～24 片为 3 片。

六十四、散热片连接处漏水

1、现象

水暖管道在螺纹连接中，螺纹采用电动套螺纹机套螺纹，管道安装后试压数据均可达到或超过设计、规范的要求，但当工程竣工交付使用后，可能出现给水管在管箍接头处从螺纹根部断裂的现象。

2、原因分析

（1）给水管为热镀锌厚壁焊接钢管，螺纹所在管段壁厚不均匀，可以判定在使用电动套螺纹机加工时，管子固定位置偏心，造成螺纹根部抗剪强度不足。

（2）给水管横穿基础梁时，预留套管设置，管子在梁两侧直埋，铺设在素土层上，在夯实素土层时不认真，造成管子所受剪力过大，螺纹根部断裂。

3、防治措施

（1）电动套螺纹机套螺纹的速度快，效果好，省力，但操作人员如果不细心检查套螺纹质量，易造成螺纹扣不均匀，受力后容易断裂的问题。

（2）管道铺设处的素土夯实是一道重要工序。施工人员如果责任心不强，管理人员检查不认真，没有切实做到素土夯实，容易造成管子断裂。

（3）目前，管材质量也存在一定的问题。管子厚薄不均，厚度不够，甚至把冷镀锌管、薄壁管用在工程上，均会出现问题。

（4）施工中应认真做好质量监督，切实抓好管道工程验收工作。

六十五、整体锅炉及附件安装不符合要求

1、现象

锅炉房内的设备、管道布置不合理；安装前未对锅炉及附属设备进行全面检查；整装锅炉就位、找平、找正方法不正确；水位计安装不符合要求；压力计选型不当；安全阀安装不符合要求；分汽缸伸缩端安装不正确，不做水压试验。

2、原因分析

未认真审图，不合理的设计布局未能及时纠正；未按图及随机文件要求施工，或安装尺寸超差；无详细的设备安装施工方案，或未按方案实施；水位计安装位置不符合规程要求，水位计无最高、最低、正常水位的明显标志，左右水位计高低不一致；压力表精确度不符合规程要求，其表盘刻度极限值过小或过大，且无存水弯管；安全阀安装前未进行校验，安全阀排污管底部未设疏水管；分汽缸两端均为固定支架，未考虑到蒸汽进入后的热膨胀因素；未做水压试验。

3、防治措施

（1）认真组织施工技术人员进行图纸会审，做好图纸会审记录和施工技术交底工作；严格按图纸、随机文件及有关规范规程要求施工；制定详细、切实可行的施工方案，并严格按方案执行。

（2）水位表装于便于观察的地方，水位表距离操作地面高于 6000mm 时，应加装远程水位显示装置，且远程水位显示装置的信号不能取自一次仪表，水位表应设有最高、最低安全水位和正常水位的明显标志。水位表的下部可见边缘应比最高水位至少高 50mm，且比最低安全水位至少低 25mm，左右水位计高低不一致应用连通透明胶管调整好标高。

（3）对于额定蒸汽压力小于 2.5MPa 或者大于或等于 2.5MPa 的锅炉，压力表精确度分别不低于 2.5 级和 1.5 级；压力表应根据介质的工作压力选用，压力表表盘刻度极限值最好选用工作压力的 2 倍；压力表盘大小的选用，应确保司炉人员能清楚地看到压力指示值，表盘直径不得小于 100mm；安全阀安装前一定要送有关部门校验，安全阀排汽管底部应装疏水管接到安全地点，且排（汽、水）管和疏水管上不应装设阀门；分汽缸安装一端设固定支架，另一端设活动支架，确保工作介质进入后可自由伸缩；按规范规定做好水压试验。

六十六、自动喷水系统配水管安装不平正

1、现象

配水管、配水支管安装通水后，有"拱起"、"塌腰"、不平直等现象，影响管道系统的使用及安全，同时也影响喷头的喷水效果。

2、原因分析

（1）管道在运输、堆放和装卸中产生弯曲变形。

（2）管件偏心，丝扣偏斜。

（3）支吊架间距过大，管道与支吊架接触不紧密，受力不均。

3、防治措施

（1）管道在装卸、搬运中应轻拿轻放，不得野蛮装卸或受重物挤压，存放于仓库时应按材质、型号、规格、用途，分门别类地挂牌，堆放整齐。

（2）喷淋管道必须按设计挑选优质管材、管件。直管安装，不得用偏心、偏扣、壁厚不均的管件施工；如发现有"拱起"、"塌腰"、不平直等现象，应予以拆除，更换直管和管件重新安装。

（3）配水管支吊架设置和排列，应根据管道标高、坡度吊好线，确定支架间距，埋设安装牢固，接触紧密，外形美观整齐。

（4）设置于弧形车道、环形走道等部位需弯曲的管道，应采用管段煨弯方式或利用管

件弯曲，管道煨弯时应采用煨弯器或弯管机，不宜采用热弯方式。

（5）管道支、吊、托架的形式、尺寸及规格应按设计或标准图集加工制作，型材与所固定的管道相称；孔、眼应采用电钻或冲床加工，焊接处不得有漏焊、欠焊或焊接裂纹等缺陷；金属支、吊、托架应做好防锈处理。

（6）支、吊、托架间距应按规范要求设置，直线管道上的支架应采用拉线检查的方法使支架保持同一直线，以便使管道排列整齐，管道与支架间紧密接触，铜管与金属支架间还应加橡胶等绝缘垫。

（7）对于墙上的支架，如墙上有预留孔洞的，可将支架横梁埋入墙内，埋入墙内部分一般不得小于 120mm，且应开脚，埋设前应清除孔洞内的杂物及灰尘，并用水将孔洞浇湿，以 M5 水泥砂浆和适量石子填塞密实饱满；对于吊架安装在楼板下时，可采用穿吊型，即吊杆贯穿楼板，但必须在楼板面层施工前钻孔安装，适用于 DN15～DN300 的管道。

（8）钢筋混凝土构件上的支吊架也可在浇筑时于各支吊架位置处预埋钢板，安装时将支吊架根部焊接在预埋钢板上。

（9）当没有预留孔洞和预埋钢板的砖墙或混凝土构件上，对于 DN15～DN150 的管道支吊架可以用膨胀螺栓固定支吊架，但膨胀螺栓距结构物边缘、螺栓间距及螺栓的承载力应符合要求。

（10）沿柱敷设的管道，可采用抱柱式支架。

（11）有热伸长的管道支吊架应按设计设置固定及滑动支吊架，明管敷设的支吊架对管道线膨胀采取措施时，应按固定点要求施工，管道的各配水点、受力点以及穿墙支管节点处，应采取可靠的固定措施。

（12）埋地管道的支墩（座）必须设置在坚实老土上，松土地基必须夯实。

六十七、箱式消火栓安装不规范

1、现象

消火栓系统是民用建筑中最基本的固定灭火设施，而消火栓（含水枪、水龙带）作为直接的灭火工具，如选用、安装不规范，势必导致无法保证灭火时所需水量、使用中不方便，影响灭火功能。

（1）消火栓口朝向不正确，单栓消火栓安装于门轴一侧。

（2）栓口中心距地面高度、箱底标高、栓口距箱后面及侧面距离不满足规范要求。

（3）暗装的消防箱箱体变形，箱门启闭不灵活。

（4）栓口接管与箱底留孔间隙处、箱体背板后面未进行防火封堵。

（5）水龙带与接扣处绑扎不合理，不按规定放置。

2、原因分析

（1）消火栓箱的几何尺寸不符合要求，箱体厚度过小，不能满足栓口朝外的规定；消火栓安装时没有按规范安装。

（2）消火栓预留孔洞不准，安装消火栓箱时未认真核对尺寸及标高。

（3）砖墙上的消火栓箱孔洞上部未采取承重措施，箱体受力变形；消火栓箱在运输、储存中乱堆乱放，箱体碰撞变形，导致箱门开启不灵活。

3、防治措施

（1）消火栓箱体的几何尺寸和厚度尺寸必须符合设计及现行技术标准的规定。消火栓应参照标准图集安装，单栓消火栓的栓口出水方向宜向下或与设置消火栓的墙面相垂直。

（2）暗装消火栓应在土建主体施工时预留孔洞，预留孔洞大小、位置及标高应准确并满足消火栓及箱体安装的要求，并留有一定的调节余量。消火栓箱体安装时要考虑装饰层的厚度；应保证箱体安装高度正确，一般箱底安装高度为 0.95m，若带自救式卷盘，箱底为 0.90m。

（3）设于砖墙上的暗装消火栓箱体上部应采取承重措施，以防止箱体受压变形而影响箱门的开启。

（4）按照消防防火要求，应将栓口接管与箱底留孔间隙处进行防火封堵；箱体背板不得外露于墙面，如箱体所在的墙面厚度小于箱体厚度，应采用防火材料对箱体背板后面进行处理，且处理后不应低于同房间耐火等级。

（5）消火栓箱内的栓、水枪、水龙带及快速接扣必须按设计规格配置齐全，其产品必须符合消防部门批准生产、销售、使用的合格品。水龙带与快速接扣一般采用 16 号铜丝（A1.6）缠绕 2～3 道，每道缠紧 3～4 圈，扎紧后将水龙带和水枪挂于箱内挂架或卷盘上。

4、优质工程示例

参见图 1-12。

图 1-12　盒式消火栓安装规范

六十八、阀门开关不灵活、渗漏

1、现象

系统运行中阀门开关不灵活，关闭不严及出现漏水（汽）的现象，造成返工修理，甚至影响正常供水（汽）。

2、原因分析

系统运行中阀门开关不灵活，关闭不严及出现漏水（汽）的现象，造成返工修理，甚至影响正常供水（汽）。

3、防治措施

（1）阀门安装前，应做耐压强度和严密性试验。试验应以每批（同牌号、同规格、同型号）数量中抽查 10%，且不少于一个。对于安装在主干管上起切断作用的闭路阀门，应逐个作强度和严密性试验。阀门强度和严密性试验压力应符合《建筑给排水及采暖工程施工质量验收规范》（GB 50242）规定。

六十九、阀门规格、型号与设计不符

1、现象

阀门的规格、型号不符合设计要求影响阀门正常开闭及调节阻力、压力等功能。甚至造成系统运行中，阀门损坏被迫修理。

2、原因分析

安装阀门的规格、型号不符合设计要求。例如阀门的公称压力小于系统试验压力；给水支管当管径小于或等于 50mm 时采用闸阀；热水采暖的干、立管采用截止阀；消防水泵吸水管采用蝶阀。

3、防治措施

熟悉各类阀门的应用范围，按设计的要求选择阀门的规格和型号。阀门的公称压力要满足系统试验压力的要求。按施工规范要求施工：给水支管管径小于或等于 50mm 应采用截止阀；当管径大于 50mm 应采用闸阀。热水采暖干、立控制阀应采用闸阀，消防水泵吸水管不应采用蝶阀。

七十、阀门安装方法错误

1、现象

阀门失灵，开关检修困难，阀杆朝下造成漏水。

2、原因分析

阀门安装方法错误。例如截止阀或止回阀水（汽）流向与标志相反，阀杆朝下安装，水平安装的止回阀采取垂直安装，明杆闸阀或蝶阀手柄没有开、闭空间，暗装阀门的阀杆不朝向检查门。

3、防治措施

严格按阀门安装说明书进行安装，明杆闸阀留足阀杆伸长开启高度，蝶阀充分考虑手柄转动空间，各种阀门杆不能低于水平位置，更不能向下。暗装阀门不但要设置满足阀门开闭需要的检查门，同时阀杆应朝向检查门。

七十一、不同阀门法兰盘混用

1、现象

蝶阀法兰盘与普通阀门法兰盘尺寸大小不一，有的法兰内径小，而蝶阀的阀瓣大，造成打不开或硬性打开而使阀门损坏。

2、原因分析

蝶阀法兰盘与普通阀门法兰盘混用。

3、防治措施

要按照蝶阀法兰的实际尺寸加工法兰盘。

七十二、减压阀和泄压阀设计不合理

1、现象

（1）比例式减压阀的减压比大于 3：1，可调式减压阀的阀前与阀后的最大压差大于 0.4MPa；减压阀后的用水点出水压力过高或过低或忽高忽低。

（2）阀后配水件处的最大压力按减压阀失效情况下进行校核，其压力大于配水件的产品标准规定的水压试验压力。

（3）设有一用一备两个并联的减压阀，仍设置旁通管。

2、原因分析

（1）限制比例式减压阀的减压比和可调式减压阀的减压差是为了防止阀内产生气蚀损坏减压阀和减少振动和噪声。

（2）阀后配水件处的最大压力应按减压阀失效情况下进行校核，是为了防止减压阀失效时，阀后卫生器具受损坏。

（3）减压阀若设置旁通管，因旁通管上的阀门渗漏会导致减压阀减压作用失效，故不得设置旁通管。

3、防治措施

（1）根据系统供水压力情况，按规范合理设计减压装置。

（2）运行中如发现系统压力不稳定，应及时补充设计。

七十三、水泵下基础层损坏

1、现象

水泵运行中，基础强度不够损坏。

2、原因分析

水泵基础的强度不检查便安装水泵。

3、防治措施

水泵安装前，不但对其基础尺寸、位置和标高校对外，还应对其强度进行检查，保证符合设计要求。

七十四、水泵连接管扭曲变形

1、现象

水泵配管和阀门的重量直接由水泵接口承受，以及造成水泵进出门连接柔性短管扭曲变形。

2、原因分析

水泵进出口处的配管和阀门不设固定支架。

3、防治措施

水泵配管或阀门处、应设独立的固定支架，同时保证水泵进出口连接柔性短管轴线，在管道与泵接口两个中心的连线上。为保证准确度，在安装过程中应做临时支架。

七十五、水泵减振及防噪声措施不当

1、现象

（1）水泵运转时振动较大，影响水泵的正常工作和寿命。

（2）水泵运转时噪声较大，将影响环境。

（3）水泵运转时管道有振动，振动噪音通过管道等固体传递进入室内，影响休息。

2、原因分析

（1）水泵地脚螺栓松动或基础不稳固。

（2）泵轴与电机轴不同心。

（3）水泵叶轮不平衡。

（4）水泵出水管支吊架偏少、偏小，固定不牢靠，或未按设计采用弹性吊架。

（5）水泵底座无防振措施。

3、防治措施

（1）设计施工过程中应严格按照上述要求实施，水泵机组安装时应均匀紧固地脚螺栓，或增设减振装置。

（2）对于现场组装的水泵机组，应先安装固定水泵再装电机，安装电机时以水泵为基准。安装时应将电动机轴中心调整到与水泵轴中心在同一条直线上。通常是以测量水泵与电机连接处两个联轴器的相对位置为准，即把两个联轴器调整到既同心，又相互平行，两个联轴器间的轴向间隙要求：

小型水泵（吸入口径在 300mm 以下）间隙为 2～4mm。

中型水泵（吸入口径在 350～500mm）间隙为 4～6mm。

大型水泵（吸入口径在 600mm 以上）间隙为 4～8mm。

（3）对于叶轮不平衡时，应更换该叶轮；管道进、出水管上应按设计及规范要求作支吊架（或弹性吊架），制作安装要求参考标准图集。

（4）按设计在水泵进出水管上设置橡胶软接头。

七十六、室内给水工程质量常见问题汇总

参见表 1-5。

表 1-5　室内给水工程质量常见问题汇总

序号	质量问题	现象	原因分析	防治措施
1	管道腐蚀	管道遭受腐蚀后，缩短寿命	管道直埋于焦渣层或含有腐蚀性土中	勿将管道直接埋设腐蚀性土中，应采用砂浆保护等技术措施
2	埋地立管距墙过近	埋地管道的地面立管需返修，甚至破坏地面	地面立管预留口不能满足立管安装的距离尺寸要求	管道立管甩口施工前应明确墙体尺寸及装饰层的厚度，保证管道或附件外边距墙体表面不小于规定间隙
3	管道滴水	管道滴水污染装修吊顶，严重者使地面积水	管道通水后，夏季管道周围结露水，并往下滴水	选择防结露的保温材料，认真检查防结露保温质量，按要求做好保温，保证保温层的严密性
4	水表距墙面过近	水表贴紧墙面，水表安装、检修和查看数据时困难；水表前后没有足够的直线管段，流过水表的水是杂乱的，阻力大	安装水表时，未考虑实际使用情况，水表贴紧墙面安装，以及水表前后没有足够的直线管段	水表应安装在便于检修、查看和不受曝晒、污染、冻结的地方；安装螺翼式水表时，表前阀门应有 8～10 倍水表直径的直线管段，其他水表的前后应有不小于 300mm 的直线管段；室内分户水表外壳距净墙表面不得小于 30mm，表前后直线管段长度大于 300mm 时，其超出管段应机械弯曲沿墙敷设

序号	质量问题	现象	原因分析	防治措施
5	水表渗漏	水表的活接头处破裂、漏水	水表的前后两连接管段不在同一直线上,强行用活接头连接	安装水表时,首先应检查活接头质量是否可靠、完整无损,若水表与其连接的前后管段不在同一直线上,必须认真调整,调整合适后,先用手把水表两端活接头拧上2～3扣,左右两边必须同时操作,再检查一遍,到水表完全处于自然状态下,再同时拧紧活接头
6	生活热水管安装不当	生活热水管安装不当影响使用,甚至造成烫人事故	生活热水管道安装位置不符合施工规范的要求	冷、热水管和水龙头并行安装,应符合施工规范要求,上下平行安装时,热水管应在冷水管上面;垂直安装时,热水管应在冷水管面向左侧;在卫生器具上安装的冷热水龙头,热水龙头应安装在面向右侧
7	停水后溢流管回流	给水管停水后因水箱水回流而造成污染	生活水箱给水进水口低于溢流管水口	生活的饮用水不得因水倒流而被污染,给水管配水进口不得被任何液体或杂质所淹没,生活水箱给水进水口高出溢流管其最小间隙为给水管管径的2.5倍。溢流管不得与下水道直接连接,出口应设网罩
8	直管阀门连接错误	立管的伸缩变形使支管阀门损坏断裂	高层热水供应系统管道间支管阀门与立管直接连接	高层热水供应系统管道间支管阀门与立管连接时,支管不能直接与立管连接,支管必须使用两个弯头以利于伸缩
9	饮用水管道连接错误	生活饮用水的水质遭到污染,影响健康	生活饮用水管道与非饮用水管道连接	生活饮用水管道不得与非饮用水管道连接。特殊情况下,必须以饮用水作为工业备用水源时,两种管道连接处应采取防止水质污染措施
			生活的饮用水管道与大便器(槽)冲洗管道直接连接	大便器应由水箱供水或有隔离措施的专用阀门,使饮用水管与大便器(槽)冲洗管隔开,确保水质
10	管道布置在危险处	管道布置在易燃易爆原材料和设备的上方,或荷载大区域下方	给排水管道布置在危险原料和设备上面,或给排水管道埋设在荷载大区域下方存在安全隐患	给水管道不得布置在遇水会引起燃烧、爆炸或损坏原料、产品和设备的上面,同时也应避免在生产设备上方通过
				给水埋地管道应避免布置在可能受重物压坏处

七十七、室内排水工程质量常见问题汇总

参见表1-6。

表1-6　室内给水工程质量常见问题汇总

序号	质量问题	现象	原因分析	防治措施
1	管道甩口不准	管道甩口不准造成返工修理	对墙体位置及卫生器具安装尺寸了解不准确,造成管道层或地下埋设管道首层管甩口不准	管道施工中,要详细了解地上墙体位置和卫生器具安装尺寸,同时管道甩口应及时固定牢靠
2	排水管道接口松动	排水管道接口松动或断裂	排水横管支、托卡架间距过大,甚至用地面甩口代替管支吊卡	排水管道上的吊钩或卡箍应固定在承重结构上,横管固定件间距不得大于2m。并应保证管道和卡架接触紧密
3	排水管弯头处堵塞	造成管道局部阻力加大,重力流速减小,管道中杂物容易在三通、弯头处形成堵塞	铸铁排水管道连接用正三通,正四通,弯头用90°弯头,使用零件不符合施工规范要求	铸铁排水管道的横管与横管、横管与立管的连接,应采用45°斜三通、45°斜四通、90°斜三通、90°斜四通,管道90°转变时,应用2个45°弯头或弯曲半径不小于4倍管径的90°弯头连接
4	卫生器具管道异味	卫生器具管道中异味散出,同时在第一次排污后,管内形成真空,造成卫生器具水封破坏	卫生器具特别是大便器排水系统立管上不设置透气管或辅助透气管	对于层数不高,卫生器具少的建筑物应设置排水立管上部延伸出屋顶的通气管,对于建筑物层数较高或卫生器具多的排水系统,应设辅助通气管或专门通气管
5	污水管道污水外溢	污水管道超过充满度的要求,造成污水外溢	室内雨水管接入生活污水管道	雨水管道不得与生活污水的管道相连
6	卫生器具排水支管渗漏	卫生器具排水支管接口出现渗漏,影响使用	卫生器具安装完毕后,排水管道不做通水试验	卫生器具安装完毕后,在竣工交付使用前,应逐个进行满水试验(充满水至溢水口处),保证排水通畅,管道连接处无渗漏
7	排水管道受冻破损	造成管道受力损坏或在寒冷地区排水冰冻,影响正常使用	排水管埋深不够	排水管道出户管道的埋深,一般不应小于当地的冰冻线深度

序号	质量问题	现象	原因分析	防治措施
8	生活给水管与污水管混连	饮用水源被污水污染	生活给水箱泄水管、溢水管以及空调冷凝水管与生活污水管及设备直接连接	饮食业工艺设备引出的排水管及饮用水水箱溢流管，不得与污水管道直接连接，并应留出不小于 100mm 的隔断空隙，空调房间风机盘管的排水管，如需接向室内排水管道，宜在排水管上方
9	污水立管变横管处破损	污水从立管流入横管时，由于水流方向改变，立管底部会产生冲击和横向分力，使其造成抖动和损坏	UPVC 排水管道在地下室、半地下室或室外架空布置时，立管底部未采取加强和固定措施	UPVC 排水立管底部宜设支墩或采取固定措施。特别是在高层建筑中，在立管的底部应采取必要的加强处理
10	屋面连接处渗漏	UPVC 排水管立管穿越屋面连接处渗漏水	UPVC 排水管立管穿越屋面混凝土层时不设套管或用塑料套管	UPVC 管立管穿越屋面混凝土层必须预埋金属套管，同时套管高出屋面不得小于 100mm，再在其上做防水面层。管道和套管之间缝隙用防水胶泥等密封

第二章 通风与空调工程

第一节 风管与配件（部件）制作

一、风管刚度不够、噪声过大

1、现象

风管采用钢板厚度达不到标准及不按规定加固，造成风管强度不够，风管的大边上下有不同程度的下沉，两侧面小边稍向外凸出，有明显的变形。当风机启动或关闭时，矩形风管会发生轰隆的声音；风机正常运行时，风管壁也会发生振动声。

2、原因分析

（1）制作风管的钢板厚度不符合施工及验收规范的要求。

（2）咬口的形式选择不当，没有采取加固措施。

3、防治措施

（1）严格按规范规定的厚度制作钢板风管及采用适当的加固措施。制作风管的钢板厚度，如果图纸无特殊要求，必须遵守现行的《通风与空调工程施工质量验收规范》GB 50243 中的有关规定；同时原材料的控制也应符合《连续热镀锌钢板及钢带》GB/T 2518 规定。

（2）矩形风管的咬口形式，除板材拼接采用单平咬口外，其他各板边咬口应根据所使用的不同系统风管（如空调系统、空气洁净系统等）采用按扣式咬口、联合角咬口及转角咬口，使咬口缝设在四角部位，以增大风管的刚度。

（3）风管加固的措施如图 2-1 所示。矩形风管边长大于或等于 630mm 和保温风管边长大于或等于 800mm，其管段长度大于 1200mm 时，均应采取加固措施。对边长小于或等于 800mm 的风管，宜采用楞筋、楞线的方法加固。当中压和高压风管的管段长度大于 1200mm 时，应采用加固框的方法加固。高压风管的单咬口缝应有加固补强措施。当风管的板材厚度大于或等于 2mm 时，加固措施的范围可放宽。

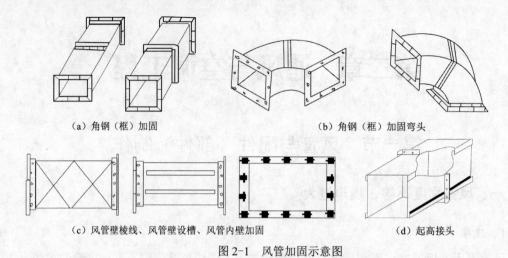

（a）角钢（框）加固 　　　　　　　（b）角钢（框）加固弯头

（c）风管壁棱线、风管壁设槽、风管内壁加固 　　　　（d）起高接头

图 2-1　风管加固示意图

（4）风管加固形式可采用楞筋、立筋、角钢、扁钢、加固筋和管内支撑等（如图 2-2）。

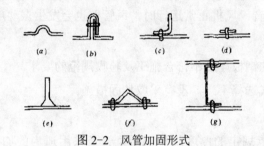

图 2-2　风管加固形式

（a）楞筋；（b）立筋；（c）角钢加固；（d）扁钢加固；（e）扁钢立加固；（f）加固筋；（g）管内支撑

4、优质工程示例

参见图 2-3。

图 2-3　楞筋加固和内侧安装加固筋

二、风管漆面卷皮、脱落

1、现象

钢板风管表面锈蚀、漆面卷皮，镀锌表面出现氧化层，降低系统的使用寿命，增加日常维修工作。

2、原因分析

（1）涂漆前风管表面的污物、锈斑、氧化层清除的不彻底。

（2）油漆牌号选用不当。

（3）油漆的稠度过大或过小。

（4）底漆未干就涂下道油漆。

（5）涂刷油漆的环境低或相对温度高。

3、防治措施

（1）钢板制作的风管在涂刷防锈前，必须对表面的油污、铁锈、氧化皮层进行清除。

（2）风管表面处理后，决定油漆质量的是油漆的牌子或种类，由于镀锌板无附着能力，会产生漆层卷皮脱落现象。

（3）涂漆应连续无针孔，无漏涂，露底等现象，因此油漆稠度既不能过大，也不能过小稠度大浪费，还会产生脱落卷皮现象，稠度过小会产生漏涂、起泡、露底等现象。

（4）在涂刷二道防锈漆底漆时，第一道防锈漆必须彻底干燥，否则会产生漆层脱落。

（5）涂漆的环境温度不能过低，或相对湿度过高，否则漆挥发时间过长，影响防腐能力，在涂刷漆时，必须掌握环境条件，一般要求环境温度不低于5℃，相对湿度不大于85%。

三、风管咬口制作不平整

1、现象

风管咬口拼接不平整，咬口缝不紧密。

2、原因分析

风管板材下料找方直角不准确，咬口宽度受力不均匀，风管制作工作平台不平整，风管咬口线出现弯曲、裂纹。

3、防治措施

（1）风管板材下料应经过校正后进行。

（2）明确各边的咬口形式，咬口线应平直整齐，工作平台平整、牢固，便于操作。

（3）采用机械咬口加工风管板材的品种和厚度应符合使用要求。

四、圆风管制作方法不正确

1、现象

风管不垂直，两端口平面不平行，管径变小。

2、原因分析

制作同径圆风管时下料找方直角不准确，制作异径圆风管时，两端口周长采用划线法，直径变小，其咬口宽度不相等。

3、防治措施

（1）下料时应用经过校正的方尺找方。

（2）圆风管周长应用计算求出，其计算公式为：圆周长＝π×直径＋咬口留量。

（3）应严格保证咬口宽度一致。

五、矩形风管制作方法不正确

1、现象

风管表面不平，两相邻表面互不垂直，两相对表面互不平行，两端口平面不平行。

2、原因分析

下料找方不准确，风管两相对面的长度及宽度不相等；咬口受力不均匀。

3、防治措施

（1）板材找方划线后，须核查每片长度、宽度及对角线的尺寸，对超过偏差范围的尺寸应以更正。

（2）下料后，风管相对面的两片材料，其尺寸必须校对准确。

（3）操作咬口时，应保证宽度一致，闭合咬口时可先固定两端及中心部位，然后均匀闭合咬口。

（4）用法兰与风管翻边宽度来调整风管两端口平行度及垂直度。

六、圆形弯头等安装角度不准确

1、现象

圆形弯头、圆形三通角度中心线偏移。

2、原因分析

放样时展开划线错误，按一般划线方法求出的圆周长偏小，其直径相应变小，各瓣单、双面宽度不相等，成品角度不准确。

3、防治措施

（1）展开放样的下料尺寸应校对准确。

（2）各瓣单、双咬口宽度应保持一致，立咬口对称错开，防止各瓣结合点扭转错位。

（3）用法兰与风管翻边宽度调整角度。

七、矩形弯头等安装角度不准确

1、现象

矩形弯头、矩形三通角度偏移，表面不平，咬口不严。

2、原因分析

内外弧的直片料找方直角不准确，带弧度的两片平面料划线走规，咬口处受力不均，并在三通外弧折角处有小孔洞。

3、防治措施

（1）用经过校正的角尺找方下料。

（2）将带弧度的两平片料重合，检验其外形重合偏差，并按允许偏差进行调整。

（3）三通外弧折角处出现的小孔洞，应采用锡焊或密封胶处理。

（4）用法兰与矩形弯头、矩形三通翻边宽度调整角度。

八、薄钢矩形风管扭曲、翘角

1、现象

风管表面不平；对角线不相等；相邻表面互不垂直；两相对表面不平行及两管端平面不平行等。

2、原因分析

（1）矩形板料下料后，未对四个角进行严格的角方测量。

（2）风管的大边或小边的两个相对面的板料长度和宽度不相等。

（3）风管的四个角处的咬口宽度不相等。

（4）手工咬口合缝受力不均。

3、防治措施

（1）矩形板下料时应最好采用机械下料（如剪板机），使用牛头剪板机时，应准确测量剪板机的固定边与平板台的垂直度。

（2）风管板材采用机械剪切时，最好在剪板平台两边测量相同的长度，并设置明显的标识，以方便剪切时板材边对准标识，同时也可以加快生产速度。

（3）咬口的宽度主要依据风管的板材厚度决定，咬口的宽度、留量以及重叠数与使用的机械有关，一般来说，咬口留量对于单平咬口、单立咬口、单角咬口在第一块板材上等于咬口宽，而在第二块板材上是两倍宽，这样咬口的留量就等于三倍的咬口宽。另风管的咬口宽度应符合下表：

表2-1　风管咬口宽度

咬口型式	咬口宽度（mm）		
	板厚0.5~0.7	板厚0.7~0.9	板厚1.0~1.2
平咬口	6~8	8~10	10~12
立咬口	5~6	6~7	7~8
转角咬口	6~7	7~8	8~9
联合角咬口	8~9	9~10	10~11
扣式咬口	12	12	12

（4）手工咬口合缝应该由单人完成单缝的合缝工作，应采用木锤依次击打合缝，用力均匀，合缝工作严禁一次完成，必须在三次以上，方能使合缝平、直、滑。

九、薄钢板矩形弯头角度不准确

1、现象

弯头的表面不平，管口对角线不相等，咬口不严。

2、原因分析

（1）弯头的侧壁、弯头背和弯头里的片料尺寸不准确。

（2）两大片料未严格角方。

（3）弯头背和弯头里的弧度不准确。

（4）如采用手工进行联合角型咬口，咬口部位的宽度不相等。

3、防治措施

（1）矩形弯头的展开，它的侧壁展开用 R_1 和 R_2 画线，其展开宽度应加折边咬口的留量；防止法兰套在圆弧上，其展开长度应另外留出法兰角钢的宽度和翻边量。弯头背和弯头里的展开长度分别为 $1.57R_2$ 和 $1.57R_1$。其展开后的长度和宽度的留量与侧壁相同。

（2）两个大片展开下料后，应对片料的两端严格角方。

（3）弯头的背和里展开下料后，片料在卷板机上卷弧时，必须控制弧度的准确性。

（4）手工进行联合角咬口时，必须按照预留的余量进行操作，严格掌握咬口的宽度，并延全长保持宽度相等，以保证弯头的外形尺寸。

4、优质工程示例

参见图2-4。

图2-4　铁皮风管转角过渡比较顺畅

十、风管制作选材不当

1、现象

风管板材厚度、表面平整度、外形尺寸等不符合要求，板材有锈斑。

2、原因分析

选用板材时不按设计要求和施工规范进行。

3、防治措施

（1）应按设计要求根据不同的风管管径选用板材厚度。

（2）所使用的风管板材必须具有合格证明书或质量鉴定文件。

（3）当选用的风管板材在设计图纸上未标明时，应按照施工规范实施。

十一、法兰互换性差

1、现象

法兰表面不平整，圆形法兰旋转任何角度和矩形法兰旋转180°后，与同规格的法兰螺栓孔不能重合；圆形法兰的圆度差，矩形法兰的对角线不相等；圆形法兰内径或矩形法兰内边尺寸超过规范规定。参见图2-5。

图 2-5 矩形法兰旋转 180°后螺栓孔不重合

2、原因分析

(1) 下料的尺寸不准确，下料后的角钢未找正调直，致使法兰的内径或内边尺寸超出允许的偏差。

(2) 圆形法兰采用手工热煨时，出现由于扭曲产生的表面不平和圆度差。

(3) 圆形法兰采用机械冷煨时，出现由于煨弯机未调整好处于非正常状态。

(4) 矩形法兰胎具的直角不准确。

(5) 法兰接口焊接变形。

(6) 法兰螺栓分孔样板分孔时有位移。

(7) 法兰冲孔或钻孔时孔中心位移。

3、防治措施

(1) 法兰的下料尺寸必须准确，角钢画线后，可采用角钢切断机或联合冲剪机切断，切断后的角钢还须进行找正调正并磨光。

(2) 采用角钢卷圆机或其他机械煨制圆形法兰时，应根据法兰直径的大小，搬动丝杠，对齐辊轮上下位置进行调整试煨，待法兰直径符合要求后，可连续煨制。

(3) 胎具是制作矩形法兰使其保证内边尺寸允许偏差、表面平整度和四边垂直度的关键位置。在制作胎具时，必须保证四边的垂直度，对角线误差不得大于 0.5mm。

(4) 法兰口缝的焊接应采用先点焊后满焊的工艺。胎具制作的接口焊接更为重要，应减少焊接变形引起的尺寸偏差、平整度和垂直度。

(5) 法兰螺栓的相隔间距要满足施工质量验收规范的规定，即对于通风、空调系统不应大于 150mm；对于洁净空气系统不应大于 120mm。法兰按要求的螺栓间距分孔后，将样板按孔的位置进行正反方向旋转，以检验其互换性。如孔的重合误差小于 1mm，则可采用扩大孔径的办法补救，否则应重新分孔。

（6）为便于传装螺栓，螺孔直径应比螺栓直径大 1.5mm。在法兰上冲孔时，使用定位胎具的孔径和螺孔间距尺寸要准确，安放要平稳。法兰钻孔时，可将定位后的螺栓孔中心用样冲定点，防止钻头打滑产生位移。

十二、风管与法兰不匹配

1、现象

风管与法兰不垂直，表面不平。

2、原因分析

风管和法兰同心度、平整度差，圆、矩形风管制作后误差大，法兰材料选用与风管管径不同步，法兰铆接不牢固。

3、防治措施

（1）检验圆、矩形法兰的同心度、对角线及平整度。

（2）按设计图纸和施工规范选用法兰。

（3）法兰与风管铆接时应在平板上进行校正。

十三、法兰铆接后风管不严密

1、现象

铆接不严，风管表面不平，漏风量过大。参见图 2-6。

图 2-6 风管咬缝与四角开裂，有孔洞

2、原因分析

（1）铆钉间距大，造成风管表面不平。

（2）铆钉直径小，长度短，与钉孔配合不紧，使铆钉松动，铆合不严。

（3）风管在法兰上的翻边量不够。

（4）风管翻边四角开裂或四角咬口重叠。

3、防治措施

（1）一般通风空调工程的风管铆接的铆钉间距不应大于 120mm，对于洁净等级为 1～5 级的不应大于 65mm，为 6～9 级的不应大于 100mm。

（2）铆钉应选用长度合适的铆钉，铆钉的直径应根据铆钉孔进行选择，或者铆钉孔的大小应根据铆钉直径进行选择。

（3）根据施工质量验收规范要求，风管翻边必须平整，紧贴法兰，其宽度应一致，且不得小于 6mm，咬缝与四角不应有开裂与孔洞，如出现开裂或孔洞，可采用密封胶封堵。

十四、风管翻边宽度不一致

1、现象

法兰与风管轴线不垂直，法兰接口处不严密。参见图 2-7、图 2-8。

图 2-7　风管翻边不足，不均匀　　　　图 2-8　风管翻边不平整

2、原因分析

（1）风管下料时没有严格角方。

（2）风管与法兰的尺寸偏差过大。

（3）风管与法兰没有角方。

3、防治措施

（1）为了保证管件的质量，防止管件制成后出现扭曲、翘角和管端不平整现象，在展开下料过程中应对矩形风管严格进行角方。

（2）法兰的内边尺寸正偏差过大，同时风管的外边尺寸负偏差也过大，应更换法兰；

在特殊情况下可采取加衬套管的方法补救。

（3）风管在套入法兰前，应按规定的翻边尺寸严格角方无误后，方可进行铆接翻边。

十五、风管支架制作、安装随意

1、现象

风管安装支架设置不均匀，制作安装随意。

2、原因分析

风管安装时其支、吊架制作不按设计、规范要求进行操作，安装间距不统一，悬吊支承点与水平支架不垂直。

3、防治措施

（1）应按设计和规范选用合适的材料制作各类支架。

（2）所预埋的支架间距位置应正确，牢固可靠。

（3）悬吊的风管支架在适当间距应设置防止摆动的固定点。

（4）制作安装的支架应采取机械钻孔，悬吊吊杆支架采用螺栓连接时，应采用双螺栓，保温风管的施热垫木须在支架上固定牢固。

十六、吊顶风口和风管的连接不合理

1、现象

（1）风口直接固定在吊顶顶棚上，颈部未与挂下管相接，或挂下管长度不够，未与风口相连。

（2）风口无挂下管，颈部直接伸入风管内。

（3）挂下管与风口颈部尺寸不配合，缝隙过大。

2、原因分析

（1）为图省事，将挂下管直接固定在顶棚上；或将风口颈部伸入风管中，或伸入挂下管中不连接。

（2）风管与吊顶间的距离未准确确定，导致挂下管长度不够。

（3）风口与挂下短管连接时，螺栓或铆钉间距过大，有缝隙。

3、防治措施

（1）风口应与风管连接，不应漏装挂下管。

（2）应确定好顶棚的水平线，准确测量挂下短管的长度。

（3）应按风口颈部尺寸制作挂下管。

（4）风口与挂下短管连接的螺栓或铆钉间距不宜过大。

第二节　风管系统安装

一、风管安装不平直

1、现象

风管不平直，中心偏移，法兰的接口间距不均匀，风管系统的漏风量过大。

2、原因分析

（1）风管系统的支、吊架预留、预埋的位量和标高不一致，间距不等，风管受力不均产生扭曲或弯曲。

（2）圆形风管的同心度、平整度和矩形风管的平整度及法兰对角线长超过允许偏差。

（3）法兰与风管中心轴线不垂直。

（4）法兰互换性、平整度差，螺栓间距大，螺母拧的松紧度不一致。

3、防治措施

（1）水平风管安装后的水平度的允许偏差为每米不应大于 3mm，总偏差不应大于 20mm。垂直风管安装后的不垂直度允许偏差为每米不应大于 2mm，总偏差不应大于 20mm。输送产生凝结水或空气湿度较大的风管，应按设计要求的坡度安装。

为了保证风管安装后的上述要求，支、吊、托架应按设计或规范要求的间距等距离排列，但遇有风口、风阀等部件时，应适当地错开一定距离。支、吊、托架的预埋件或膨胀螺栓的位置应正确牢固。各吊杆或支架的标高调整后应保持一致；对于有坡度要求的风管，其标高按其坡度保持一致。

（2）圆形风管用法兰管口翻边宽度调整风管的同心度。矩形风管可调整或更换法兰，使其对角线相等，并保证风管表面的平整度控制在 5～10mm 范围内。

在进行风管平整度检验时，对于矩形风管应在横向拉线，用尺测量其凹凸的高度；对圆形风管应纵向拉线，用尺测量其凹凸的高度。

（3）法兰与风管垂直度可按实际偏差情况来处理。如偏差较小，可用增加法兰垫片厚度，并调整法兰螺母拧紧度来调整；如偏差较大，则需要返工重新找方，翻边铆接。

（4）法兰互换性差，可对螺栓孔进行扩孔处理，一般可扩大 1～2mm。如误差过大，则另行钻孔。

法兰平整度差，可用增大法兰垫片厚度进行调整，但增厚的法兰垫片必须保证完整性，对接的垫片必须用密封胶粘结，以保证风管连接后的严密性。但各个螺栓的螺母必须保持松紧度一致。

二、风管安装方法不当

1、现象

风管系统摆动；圆形风管变形；支架间距不等；保温风管出现"冷桥"现象。

2、原因分析

（1）整个风管系统无固定点。

（2）吊杆直接吊在风管的法兰上。

（3）圆形风管无托座。

（4）保温的矩形风管直接与托架、吊杆接触。

3、防治措施

（1）风管穿墙、穿楼板、转弯等部位虽已起到系统固定点作用，但还需要根据工程的具体情况，在可能发生摆动的地方适当设置定点，以防止安装后的风管摆动。

（2）根据规范要求，矩形风管应采用托座横向支撑，圆形风管用扁钢抱箍或落地支撑等办法固定，但安装组合的尺寸必须十分精确，否则将会影响美观。

（3）安装在托架上的圆形风管，应在托架上设有半圆托座，以保护风管免于局部受力而产生变形。

（4）为了防止风管和支、吊架安装方式不当，而出现"冷桥"，造成冷、热量的损失，矩形风管的支、吊、托架应设在保温层的外部，不能损坏保温层。使用托架的横担不能直接和风管底部接触，中间应垫以坚实的隔热材料，其厚度与保温层相同；吊杆不得与风管的侧面接触，而要离开与保温层厚度相同的距离。

三、风管安装不平整、漏风

1、现象

风管安装不平整，中心偏移，标高不一致；法兰连接处漏风。

2、原因分析

风管支架、吊卡、托架位置标高不一致，间距不相等。支架制作受力不均。法兰之间连接螺栓松紧度不一致，铆钉、螺栓间距太大，法兰管口翻边宽度小，风管咬口开裂。

3、防治措施

（1）按标准调整风管支架、吊卡、托架的位置，保证受力均匀。

（2）调整圆形风管法兰的同心度和矩形风管法兰的对角线，控制风管表面平整度。

（3）法兰风管垂直度偏差小时，可加厚法兰垫或控制法兰螺栓松紧度，偏差大时，须对法兰重新找方铆接。

（4）风管翻边宽度应大于或等于 6mm，咬口开裂可用铆钉铆接后，再用锡焊或密封胶处理。

（5）铆钉、螺栓间距应均等，间距不得超过 150mm。

四、风管安装完毕后进行开孔

1、现象

在安装完毕的风管上开孔和安装测孔不但操作不便，同时增加施工安全隐患，也容易影响测孔的安装质量和系统安装质量，造成系统漏风，情况严重的在系统运转时有呼哨声，甚至可能会破坏已完风管项目的保温质量。

2、原因分析

（1）检视门框边（或法兰）不平整。

（2）检视门（或法兰盖板）用料太薄或不平整。

（3）检视门未采用专用的门窗密封胶条；检视口未采用弹性较好的橡胶板。

3、防治措施

（1）风管上安装测孔是为了测定风管内空气的温度、湿度、流速、风压及有害物质浓度等参数而设置的。必须按设计要求的部位在风管安装前装好，确保安装质量，以利于系统的各项参数的检测和调试。

（2）检视门（或检视口）的法兰及盖板必须平整，其厚度必须满足设计要求。

（3）检视门的密封胶条应按设计的标准图选用。如设计无特殊要求，可选用如图 1-9 所示的专用门窗密封橡胶条。检视口的法兰垫片可采用弹性好的闭孔泡沫氯丁橡胶板等。

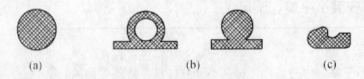

（a） （b） （c）

图 1-9　门窗密封胶条

（a）圆形海绵条；（b）海绵嵌条；（c）海绵门窗压条

五、预埋件和膨胀螺栓不牢固

1、现象

风管安装后，支架的吊杆、托架发生变形、松动。

2、原因分析

（1）预埋件外涂刷油漆，与结构结合不牢。

（2）膨胀螺栓的尺寸选用不当。

（3）膨胀螺栓埋置在建筑构件上的部位不正确。

3、防治措施

（1）预埋铁件的埋入部分和预埋钢制套管，不得涂刷油漆，否则将降低预埋铁件和建筑结构的连固能力，预埋铁件上的铁锈和油污须清除。

（2）采用膨胀螺栓固定支、吊架时，必须根据所承受的负荷认真选用。膨胀螺栓常用规格的有关技术性能参照表 2-2 所示。

表 2-2 膨胀螺栓常用规格及有关技术性能

参数 条件	规格/mm	埋深/mm	拉力/N		剪力/N	
			允许值	极限值	允许值	极限值
MU7.5 砖砌体	6×70	35	1000	3050	700	2000
	8×70	45	2250	6750	1050	3190
	8×90	60	4100	11350	1600	4500
	10×85	55	3900	11750	1650	5000
	10×110	65	4400	13250	2450	7340
	12×105	65	4400	13250	2450	7340
	16×140	90	5000	15000	4600	13800
C15 混凝土	6×55	35	2450	6100	800	2000
	8×70	45	5400	13500	1500	3750
	10×85	55	9400	23500	2350	5880
	12×105	65	10600	26500	3450	8630
	16×140	90	12500	31000	6500	16250

（3）安装膨胀螺栓必须先在墙、屋顶等砖体或混凝土层上钻一个与膨胀螺栓套管直径和长度相同的孔洞，再将膨胀螺栓装入孔洞内；当拧紧螺母时，由于螺栓外部的胀管扩开而在孔内壁上锚固螺栓被牢固锚紧。如孔洞设在空心砖墙或空心楼板等部位，必然会造成事故。因此在考虑支架的施工方案时，必须了解建筑物的结构情况。

六、预留孔洞和预埋吊杆位置不准确

1、现象

预留的孔洞和预埋的吊杆、垫铁标高和坐标位置偏移，风管安装后水平度和垂直度偏差大。风管安装后外形不美观，其水平度和垂直度达不到规范的要求，而且与其他管道和设备相碰，情况严重的将造成返工事故。

2、原因分析

（1）设计的孔洞的坐标位置和标高位置不准确。

（2）楼板、墙面抹灰层超过设计厚度。

（3）通风空调施工图纸的孔洞坐标位置和标高与土建施工图纸不符。

（4）通风空调管道的安装位置未按设计要求预留、预埋。

（5）与土建配合的人员经验不足。

3、防治措施

（1）在图纸会审时，应重视风管穿过楼板、隔墙的坐标位置的复核工作及时纠正施工图纸中的错误。

（2）在不影响土建结构和建筑的美观条件下，适当地加大预留孔洞保证风管穿过楼板、墙壁有一定的余量。

（3）在图纸会审中，应核对暖通施工图纸的风管穿过楼板和墙壁的坐标和标高与土建图纸中的标示位置是否相符，如有遗漏或不相符之处，应提出总的解决办法，明确记载在会审纪要上，以便于施工。

（4）在预埋、预留风管支、吊架的垫铁或吊杆时，应根据确定的安装位置和间距，在混凝土的模板上弹线定点，保证预埋的准确性。

（5）安装人员配合土建施工是一项复杂的工作。在配合过程中，把已确定的风管走向、标高、坐标位置，在现场与土建施工人员进行复核，以保证预埋、预留的准确性，因此选择有丰富施工经验的人员完成。

七、风管支、吊架间距过大

1、现象

风管支、吊架的间距过大，风管变形，影响观感效果。

2、原因分析

风管支、吊架的间距过大，将会造成风管变形，影响观感效果；如果胀锚螺栓使用不当，风管的重量超过吊点的承载力甚至会造成风管坠落，出现施工安全隐患。

3、防治措施

风管支、吊架的间距：按规范要求角钢法兰风管水平安装，直径或大边尺寸小于400mm，间距不大于4m；大于或等于400mm，间距不应大于3m。风管垂直安装，间距不应大于4m，但每根立管的固定件不应少于2个。户外保温风管支、吊架的间距应按设计要求。螺旋风管的支、吊架间距可为一般水平风管支、吊架间距的1.25倍。组合法兰风管的间距为2～3m。特殊风管，如硬聚氯乙烯、无机玻璃钢风管、防火风管等其支、吊架的间距可适当减少。或采用一般风管的0.7倍。

送、回风分别不少于1个固定支架；风管长度40m以上，固定支架之间间距不大于20m。

（2）根据吊点采用铆固螺栓直径的大小，正确使用钻头和控制钻孔深度，确保胀锚螺栓的钻孔直径（见表2-3）。

表2-3　胀锚螺栓的钻孔直径和钻孔深度（mm）

螺栓规格 钻孔	Ⅰ胀锚螺栓		Ⅱ胀锚螺栓	
	钻孔直径（mm）	钻孔深度（mm）	钻孔直径（mm）	钻孔深度（mm）
M6	10.5	40	—	—
M8	12.5	50	—	—
M10	14.5	60	14.5	65
M12	19.0	75	19.0	75
M14	21.0	85	21.0	85
M16	23.0	100	23.0	100

八、风管穿屋面无防护措施

1、现象

风管与屋面穿越处漏水、渗水，风管穿越屋面后不稳固。下雨后雨水易漏入、渗入房间，影响生产正常进行，室外风较大时，风管不稳定易损坏。

2、原因分析

（1）风管与屋面无防雨罩。

（2）风管穿越屋面后无拉索或支架固定。

3、防治措施

（1）风管穿越屋面后，管身必须完整无损，不得有钻孔或其他损伤，以免雨水漏入室内。风管穿越屋面后，应在风管与屋面的交界处设置防雨罩，确保交界和穿越处不漏水、不渗水。风管上的法兰采用涂料、垫料等密闭措施进行密封，防止雨水沿管壁渗、漏到室内。防雨罩应设置在建筑结构预制圈的外侧。

（2）风管穿出屋面高度超过1.5m时，应设拉索固定，也可用固定支架或利用建筑结构固定。采用拉索牵固时，拉索不应少于3根。拉索不能直接固定在风管或风帽上，应用抱箍固定在法兰的上侧，以防止下滑。应该注意的是，严禁将拉索的下端固定在避雷针或避雷网上。

九、穿墙套管安装不规范

1、现象

预埋的钢制套管与风管的四周间隙不相等，套管外露部分不一致，套管弯曲变形。

2、原因分析

（1）套管的内径尺寸过大。

（2）套管穿过墙壁和楼板的预留量未按规范的规定预留。

（3）套管的壁厚不够。

3、防治措施

（1）风管的钢制套管的内径（或矩形套管的内边）尺寸，应该以能够穿过风管的法兰和保温层为准，其间隙不能过大。

（2）钢制套管预埋在墙壁内，套管两端应与墙面取齐，不能凸出墙面，或过多地凹入墙面；预埋在楼板中的套管上端应高出楼板面 50mm 以上，防止楼板面上积水灌入套管中流到楼下。为了使套管牢固地固定在墙壁和楼板中，套管应焊肋板埋到结构中。

（3）钢套管的壁厚应根据套管截面积大小确定，一般套管壁厚不应小于 2mm，防止弯曲变形。为使套管牢固地固定在建筑结构内，钢套管在预埋前其外表面不应涂油漆，并应除去表层铁锈和油污。

十、风管穿墙、板处做法不合格

1、现象

（1）风管穿越防火、防爆的墙体或楼板处，未设预埋管或防护套管。

（2）制作防护套管的钢板厚度太薄，不满足规范要求。

（3）防护套管与风管之间未用不燃柔性材料封堵。

（4）风管穿墙孔、穿楼板硬连接。

2、原因分析

（1）施工单位对规范不熟悉或不重视。

（2）施工单位为节省成本，偷工减料。

（3）在砌筑配合时未预留孔洞，或预留孔洞标高、坐标位置不符合要求。

3、防治措施

（1）图纸会审时设计单位应向施工单位强调风管穿过防火、防爆的墙体或楼板处设置预埋管或防护套管是规范强制性条文所要求的必须严格执行，并对具体做法进行严格交底。从节省成本和方便施工考虑，不需做绝热处理的风管建议设预埋管，需要绝热的风管建议设防护套管。

（2）施工过程中，监理单位应加强检查，发现问题应要求施工单位补设，防护套管钢板厚度不足 1.6mm 的应拆除返工。

（3）在预留孔洞之前应参照土建图纸一起确定位置。预留的孔洞，应以能穿过风管的法兰及保温层为准。未保温风管，穿过墙孔、楼板时，须预留套管，确保风管的机械强度。

十一、柔性短管安装不当

1、现象

通风空调系统运转后易出现扭曲等情况。减震效果受影响，增加系统的阻力。

2、原因分析

（1）柔性短管过长。

（2）柔性短管选用的材质不符合要求。

（3）柔性短管安装时松紧不当。

3、防治措施

（1）柔性短管主要用来隔离风机对风管的振动，降低机械噪声，常用于风机的吸入和排出与风管的连接处，柔性短管的长度不宜过长，一般为150～250mm。下料制作时要计算好长度，避免安装风管端口时中心线产生偏移。

（2）柔性短管一般的材质是厚帆布和人造革等，输送潮湿空气或安装在潮湿环境的柔性短管应选用涂胶帆布，输送腐蚀性气体的柔性短管应选用耐酸橡胶或软聚乙烯板，输送洁净空气，应选用里面光滑，不产尘，不透气的材料，其接合缝应牢固可靠。

（3）为了保证柔性短管在系统运转过程中不扭曲，应安装的松紧适当，对于装在风机的吸入端的柔性短管，可安装的稍紧些，防止风机运转时被吸入，减小柔性短管的截面尺寸，在安装过程中，不能将柔性短管作为找正的连接管或导管来使用。

十二、风管总管与支管连接质量差

1、现象

风管总管与支管随意连接，易漏风。

2、原因分析

相接之前，未在总管上划线就开孔，支管端口不平整，咬口不严。

3、防治措施

（1）首先在总管上准确划线开孔。

（2）支管一端口伸入总管开孔处应垂直。

（3）相接时，咬口翻边宽度应相等，咬口受力均匀。

十三、风管法兰连接不严密

1、现象

风管与插条法兰的间隙过大，系统运转后有较大的漏风现象。由于管连接不严密，增大系统的漏风量，使运行的能耗增加，甚至造成空调房间的风量不足，影响空调房间温、湿度的要求，并增大环境噪声。

2、原因分析

（1）压制的插条法兰形状不规则。

（2）插条法兰的形式选用不当。

（3）U 形插条连接时，风管板边不准确。

（4）无密封措施。

3、防治措施

（1）压制插条法兰的机械，必须保证插条法兰外形各部位的尺寸准确，成型规则。

（2）插条法兰目前采用的有 U 形、S 形及立筋 S 形等形式。一般是当矩形风管大边边长为 120～630mm 时，风管的上下两面（大边）采用 S 形连接，风管左右两个立面（小边）采用 U 形连接；当矩形风管大边边长为 630～800mm 时，其风管的两个立面仍采用 U 形连接，而上下两边采用立筋 S 形连接，以增加其牢固性。两段风管互相连接时，先将风管两平面的 S 形或立筋 S 形插条法兰处的插条锁紧，再从风管两个立面插入 U 形插条法兰，最后再将带舌接头弯折扣紧。

（3）采用 U 形插条法兰时，风管末端下料板边量要预留 10mm 并折成 180°翻边。板边后的角度应准确、平整，不得凹凸不平，保证风管板边的形状尺寸与 U 形插条连接的严密。

（4）为保证插条法兰连接的严密性，一般采用密封胶、玻璃丝布胶带及铝箔胶带等密封材料密封。插条法兰与风管的间隙进行密封处理，漏风率可达到 2%。如果不进行密封处理，其漏风率则高于一般角钢法兰连接方式。

十四、风管法兰连接不合格

1、现象

法兰连接时翻边过小或过大，螺栓孔或铆钉孔间距过大，咬口缝重叠或裂口；法兰角处出现孔洞，同规格法兰无互换性等。采用无法兰连接时风管组装时，贴角固定不牢固，四角密封不严；插条风管板边或成型不规则等。

2、原因分析

未按规定要求制作，造成系统漏风量加大，损失能源，影响外观效果及功能。

3、防治措施

风管与法兰铆接时，翻边宽度不应小于 6mm，翻边应平整，宽度一致，咬口缝的重叠部分应去除；法兰四角不应出现豁口及孔洞，以免漏风；铆钉孔间距不应大于 150mm。无法兰或插条风管制作应严格控制下料尺寸，并采用机械成型。要加强合成工序之间的检查和验收工作,以确保加工质量。

十五、风管法兰连接处跑风漏气

1、现象

风管法兰连接处跑风漏气,系统噪声增大,增加系统风管冷热量损耗,或增加有害气体的泄漏量而污染环境。参见图 2-10、图 2-11。

图 2-10 风管法兰连接处漏风　　　　图 2-11 风管安装橡胶垫,接头不正确

2、原因分析

(1)通风、空调系统选用的法兰垫片材质不符合质量验收规范的要求。

(2)法兰垫片的厚度不够,因而影响弹性及紧固程度。

(3)法兰垫片凸入风管内。

(4)法兰的周边螺栓压紧程度不一致。

3、防治措施

(1)系统应根据输送各类不同介质和空气的温度选用适合的法兰垫片材质。

(2)法兰垫片的厚度应根据风管壁厚及系统要求的密闭程度决定,一般在 3~5mm 之间。

(3)垫片不能凸入风管内,否则它将会减少风管的有效截面,并增加系统的噪声、积尘和阻力。因此在连接风管前,垫片必须按法兰上的孔洞位置冲孔;在安装过程中将垫片孔对准法兰孔并穿上螺栓,防止垫片凸入风管或错位;安装过程中不得对风管强拉硬拽,保证垫片不产生移位并准确放在法兰中间位置。

(4)紧固法兰连接螺母时,为保证连接后的严密性,螺母必须对称紧固均匀施力。螺母应在法兰的同一侧,使外观整齐美观,也便于紧固。

十六、风管组合法兰连接漏风

1、现象

风管系统采用组合法兰连接处严重漏风，漏风试验不合格。

2、原因分析

风管系统采用组合法兰连接时接口漏风，不符合质量标准，造成整个系统风量损失过大，无法满足使用要求，并造成能源严重浪费。

3、防治措施

（1）四块管片的下料咬口缝留量要控制在标准以内（雄榫和雌榫的咬口留量）。低、中压风管可采用按钮式咬口；高压风管或洁净系统风管四角处应用转角咬口缝或联合角咬口。

（2）风管咬口缝、无法兰插条接缝处及孔洞缝隙处，都必须用密封膏封严，不得漏风。

（3）法兰垫料必须采用不透气、弹性好、不易老化的连接材料，厚度 3～5mm，宽度不应小于 10mm。

十七、风管宽高比与设计不符

1、现象

不按规范和设计进行通风空调系统风管规格深化设计，任意扩大风管的宽高比造成有些通风工程系统阻力加大，影响系统风量分配，达不到使用功能。参见图 2-12。

图 2-12　随意改变风管的高宽比高宽比达到 10∶1

2、原因分析

业主或设计人员（包括非本专业人员从事通风设计）为了追求有效利用房间的净高，或因各专业之间缺少协调，不严格执行规范要求，随意设计或任意扩大风管的宽高比。

3、防治措施

（1）通风空调工程的设计和施工应有专业技术人员按设计标准和施工验收规范进行，并按照通风空调工程施工验收规范风管系列选取。

（2）风管的制作应按规范规定的规格执行。

第三节　风机与空气处理设备安装

一、风机安装不良

1、现象

机壳与叶轮周围间隙不均；风机出风口装错；风机润滑冷却系统泄漏；风机运转异常；风机负压运行。

2、原因分析

（1）机壳与转动部件装配时相对位置发生偏移。

（2）安装时未按气流方向进行安装。

（3）润滑冷却系统投运前未进行压力试验。

（4）叶轮质量不均匀。

（5）叶轮前盘与风机风圈有碰撞，叶轮轴与电机轴水平度差，叶轮轴与电动机轴传动三角带过紧、过松，同规格三角带周长不等，传动槽轮与三角带型号不配套。

（6）风机启动时启动阀没有关闭，风机启动后，进风阀门未打开。

3、防治措施

（1）重新调整机壳与叶轮转动部件的相对位置，直至圆周间隙均匀。

（2）安装时应检查系统介质流向与阀门允许介质流向，确保两者流向一致。

（3）润滑冷却系统投运前按规范规定做好压力试验，试验合格后投运。

（4）对叶轮进行配重，做静平衡试验。

（5）调整叶轮轴与电动机轴平行度或同心度。

（6）按叶轮前盘与风机进风圈间隙量，在进风圈与机壳间加一道钢圈或橡胶衬垫圈。

（7）调整叶轮轴和电动机轴的水平度，利用电动机滑道调节三角皮带松紧度，换掉周长不等的三角皮带，按设计要求调换型号不符的槽轮或三角皮带。

（8）风机启动时注意先关闭启动阀门，风机运转正常后，逐步打开风机吸风口阀门。

二、风机支吊架安装不规则

1、现象

风机盘管空调器及吊架安装不规则，达不到横平竖直、影响安装外观质量，水管安装扭曲可能会造成接口渗漏，吊架误差过大可能会造成风管连接的扭曲。参见图 2-13。

图 2-13　风机盘管连接管未安装支架

2、原因分析

机组未按规范要求设置独立支、吊架，安装的位置、高度及坡度不正确、固定不牢固。

3、防治措施

（1）风机盘管的安装位置（纵横直线）应正确，风管或水管的连接不得与设备强制对口，进出口轴线中心应与机组在同一轴线上。为使定位准确，安装在吊顶内的机组可用样板定位，同一型号的机组吊杆位置应是一致的，标出吊杆位置及轴线，将样本放在顶板上划好位置，为安装提供方便，以利于风机盘管及风管的安装。

（2）支吊架的形式及长度要协调一致并且可调，固定风机盘管时可用双螺母从上下两个方向将机壳固定。

（3）与风机盘管相接的风管和水管不得强迫对口，要使接口自然连接，风管或水管在盘管附近接口处单独设支吊架，以免因其他专业施工或机组的运行而产生脱落或变形，造成漏风、渗水。

三、通风空调设备安装差

1、现象

金属空调器性能差；组装式空调组装后漏风量大，安装质量不符合要求；空调机组制冷量不足；空调系统不能正常投入运行；风机的减振器受力不均。

2、原因分析

空调器机组性能差，安装中装配不当；空调器组装时密封面无垫料或密封端面发生微量变形，连接件未紧固；安装坐标位置超差，水平度不好，传动轴间同轴度、平行度超差；空调机组冷却水量或冷却水温度不足，制冷介质不足，制冷机效率低，蒸发器表面全部结霜，膨胀阀门开启过大或过小；空调制冷压缩机运转不正常，冷却塔冷却效果不良，挡水板的效果差，除尘器性能差，离心风机运转不正常，风机振动，受力不均。

3、防治措施

（1）调换空调器组内性能差的部件，重新校正装配精度，清洗过滤器；紧固连接件，增加密封面垫料；调整空调器安装的坐标位置、水平度，调整同轴度和平行度。

（2）增加冷水量或降低冷却水温度，加足制冷介质，检修机组，更换零件，检查风机叶轮旋转方向，调整三角带松紧度，清洗空气过滤器，调整新风回风和送风阀门，调整膨胀阀门开启程度。

（3）检查制冷压缩机的转动、制冷介质、冷却润滑系统运行情况，处理引起不正常因素，检查冷却塔安装的位置是否符合设计要求，冷却风机运转是否达到设计要求，水量是否达到要求，挡水板高度、角度是否合理，对影响除尘性能的部件进行更换，调整引风机运转不正常的因素。

四、管道焊接未熔合

1、现象

未熔合主要是指填充金属与母材之间，彼此没有熔合在一起，也就是指填充金属粘盖在母材上或者是填充金属层间没有熔合在一起。

2、原因分析

（1）焊接时电流过小，焊速过高，热量不够或者焊条偏于坡口的一侧，使母材或先焊的焊缝金属未得到充分熔化就被熔化金属覆盖而造成。

（2）母材坡口或者先焊的焊缝金属有锈、氧化物、熔渣及脏物等未清除干净，在焊接时，由于温度不够，未能将其熔化而盖上了金属融化物。

（3）焊接温度低，先焊的焊缝开始末端熔化，也能产生未熔合。

3、防治措施

（1）选用稍大的电流，放慢焊速，使热量增加到足以熔化母材或者前一层焊缝金属。

（2）焊条角度及运条速度适当，要照顾到母材两侧温度及熔化情况。

（3）对由熔渣、脏物等引起的未熔合，可用防治夹渣的办法来处理。

（4）焊条有偏心时应调整角度，使电弧处于正确方向。

第四节 风管与设备防腐、保温

一、不锈钢风管耐腐蚀性能低

1、现象

不锈钢风管局部锈蚀。

2、原因分析

（1）风管支架未采取隔离措施。

（2）法兰连接的螺栓螺母材质不符合要求。

3、防治措施

（1）不锈钢风管采用碳素钢支架时，应用橡胶板、塑料板或不锈钢板垫在风管与支架中间；或在碳素钢支架上喷涂防锈底漆和相应的绝缘漆，使支架与风管隔离。

（2）风管的法兰连接螺栓、螺母最好采用不锈钢制成的紧固件。如采用碳素钢紧固件时，应涂刷耐酸涂料。

二、铝板风管外表面腐蚀

1、现象

铝板风管局部腐蚀。

2、原因分析

（1）支架未采取防腐绝缘处理措施。

（2）法兰连接螺栓螺母与风管材质不符。

3、防治措施

（1）铝板风管系统安装采用碳素钢的支架和抱箍时，其支架和抱箍应进行镀锌或按设计要求采取防腐绝缘措施。

（2）铝质螺栓强度较低，一般采用镀锌螺栓，在法兰两侧应垫上镀锌垫圈增加接触面，防止法兰被螺母划伤。

三、风管保温性能不良

1、现象

送风温度偏高，室温降低缓慢，风管局部表面结露，甚至有滴水现象。能量损失增加，不但加大运行费用，而且空调房间温度达不到设计要求。

2、原因分析

（1）保温材料的厚度不够或厚度不匀。

（2）风管或保温板材表面不平，相互接触的间隙过大而不严密。

（3）保温钉单位面积分布不均或数量过少。

（4）保温层粘接不牢固或压板脱落。

（5）保温板材拼接缝过大。

（6）保温破坏或粘接带开胶，致使保温材料吸水量增加。

3、防治措施

（1）保温材料厚度应按设计图纸要求施工，如无设计明确，应根据国家标准图集的规定施工，严格掌握材料厚度，铺设均匀。

（2）保证风管制作外平整，防止交叉施工中受到踩踏。

（3）采用保温钉结构，分布应根据风管不同，使保温钉穿过保温板保证保温板与风管接触紧密。

（4）保证保温钉与风管粘接牢固可靠。

（5）特别是风管法兰不能外露，各种接缝要控制在最小限度，不得使用过小板料拼接，而增加缝隙，降低保温效果。

（6）防止隔热层损坏外，保护的材质还要有防潮作用，较采用铅箔玻璃丝带，保护做到完整无损、粘接牢固。

四、风管表面结露

1、现象

风管表面结露，风管系统冷、热损失大。

2、原因分析

保温材料选用不适当，保温材料厚度不均匀，保温板材表面不平，相互间接触不严密，保温材料拼接缝隙大。

3、防治措施

（1）选用合适的保温材料，保温材料应表面平整、均匀。

（2）在风管表面四周须均匀铺设保温钉，将保温材料均匀铺设，纵横接缝错开。

（3）拼接缝用粘接剂密封。

（4）防腐处理的木垫与隔热层接缝要严密。

五、风管保温外形不甚美观

1、现象

风管保温外形不平直，保温材料下垂，表面油漆颜色不均匀。由于风管保温外形不美观，而影响整个空调工程质量的观感，降低质量评定等级，也降低使用寿命和保温效果。

2、原因分析

（1）保温钉单位面积上分布不均匀。

（2）保温钉粘接不牢固或压板脱落。

（3）铅箔玻璃丝布和保温材料未粘紧、粘牢。

（4）外缠玻璃丝布保护层外涂刷的调和漆稠度过大或过小。

3、防治措施

（1）保温钉粘接均匀，避免钉设在对缝上，粘钉应按梅花形粘接，距离保温材料边缘 50mm 左右为宜。

（2）保温钉粘接不牢，会造成保温材料局部下沉，致使外形不美观。

（3）用铅箔玻璃丝布作防潮和保护层时，必须用力均匀拉紧后再粘接胶带，将纵横缝粘接牢固，防止用力不匀，产生松紧不一而下垂，粘接胶带脱落现象。

六、风管或木垫隔热层固定不牢

1、现象

风管、水管外表面无隔热层或隔热层固定不牢固，影响使用效果。

2、原因分析

风管、水管隔热层固定不牢或从风管、水管表面脱落、空鼓，以致风管、水管外表面无隔热层，造成能量散失，影响使用效果，而且夏季还可能在风管、水管表面形成冷凝水。加快风管、水管的腐蚀。

3、防治措施

（1）风管保温钉粘贴部分的表面要擦拭干净，保温钉要采用防松措施减少隔热层脱落；接缝应严密，采用胶粘保温钉的风管应尽可能避免水侵蚀风管，造成保温钉脱落。

（2）保温钉的数量应满足：风管上表面（顶面）不少于 6 个/m^2；风管侧面不少于 10 个/m^2；风管下表面（底面）不少于 16 个/m^2。

（3）保温层粘贴后宜进行包扎或捆扎，捆扎不得破坏保温层。包扎的搭接处应均匀贴紧。不得使用过期的粘贴剂。

（4）水管隔热层如采用硬材质，必须保证隔热层的形状与水管一致，法兰接口、管件、及接缝处不要有缝隙、孔洞，并进行包扎或捆扎；采用软材质必须保证松紧适度，有防潮层，接缝或接口应密封。

第五节 管道系统及部件安装

一、冷凝水管道排水不畅

1、现象

冷凝水管道安装倒坡或空调机组冷凝水管未按要求设置水封。参见图2-14。

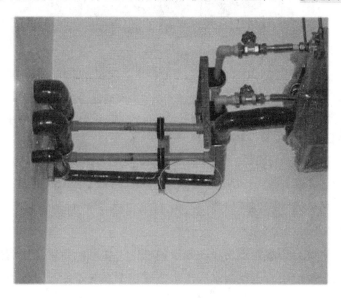

图2-14 冷凝水管倒坡

2、原因分析

（1）冷凝水管道安装倒坡，致使排水不畅，造成冷凝水外溢漏顶，破坏装修，影响使用。

（2）空调机组冷凝水管未按要求设置水封，会造成冷凝水无法正常排出，夏季温热潮湿，冷凝水过多，会积聚箱体内造成局部或接缝处渗漏，既影响环境又可能影响装饰效果，同时影响空调的舒适性。

3、防治措施

（1）冷凝水管的水平管应坡向排水口，坡度符合设计要求，当设计无规定时，其坡度应大于或等于8‰，软管连接应牢固，不得有瘪管或强扭；

（2）空调机组的排水管应按机内负压的大小设置水封，以使冷凝水能够正常排放。

4、优质工程示例

参见图2-15。

图 2-15　风机盘管管道安装较好

二、铜管接口处渗水

1、现象

空调冷热水铜管管道系统的接口渗水。

2、原因分析

采用紫铜管的空调冷热水管道与设备镶接的部件（如风机盘管、空调机组）以及承插焊口处，经冷热水交替使用后出现漏水和渗水造成整个系统不能正常使用。

3、防治措施

（1）根据设计要求，正确选用管材、管件及连接方式，不同型号的管材、管件不易混合使用。

（2）管子内外表面应光滑、清洁，不应有针孔、裂缝、分层、粗糙拉道、夹渣、气泡等缺陷。黄铜管不得有绿锈和严重脱锌。

铜管内外表面允许偏差：纵向划痕深度不大于 0.35mm；横向凸出高度或凹入深度不大于 0.35mm；疤块、碰伤或凹坑，其深度不超过 0.03mm，面积不超过表面积的 0.5%。

胀口或翻边连接的管子，施工前应每批抽 1% 且不小于两根进行胀口或翻边试验。如有裂纹需进行退火处理，重做试验。如仍有裂纹，则该批管子需要逐根退火、试验，不合格者不得使用。

管材与配件的公差配合必须吻合。铜管的椭圆度和壁厚的不均匀度必须符合产品质量标准规定。目前采用成品配件较多，必须加工质量好。

（3）铜管的焊接必须严格执行操作规程，保证焊接质量。用于空调系统的紫铜管焊接形式以搭接较多，要求接头质量好；搭接长度一般为管壁厚度的 6～8 倍，管子的公称直径小于 25mm 时，搭接长度为（1.2～1.5）倍直径。搭接焊还必须保证焊接连接面之间有一定的间隙；间隙过大、过小都会使钎焊接头质量变坏，间隙的大小与使用钎料有关，采用钢锌钎料间隙为 0.1～0.3mm，采用钢磷钎料间隙为 0.03～0.25mm。

（4）铜管膨胀系数大，管道系统的膨胀量大，如果直管段较长时，应在适当处设置波纹补偿器，以消除膨胀量。

三、钢制蝶阀阻力增大

1、现象

阀板调节至全开或全关位置上，与阀体短管的轴线不平行或不垂直。

2、原因分析

（1）阀板半轴上开启方台角度不准确，根部有圆角。

（2）开启手柄上方孔尺寸过大或手柄与半轴之间配合松动，使标出的位置不准确。

（3）钢挡板的限位尺寸与阀板全开、全关位置不符。

（4）阀板与阀体尺寸不配合。

3、防治措施

（1）阀板半轴上开启方台用角度样板校正锉方，其根部不能有圆角。方台角度应为 90°。

（2）调整手柄上方孔位置必须正确，使阀板在全开或全关位置与手柄指示的标志相符。如方孔尺寸过大，可用补焊的办法进行补救。

（3）挡板的限位尺寸必须与阀板全开或全关位置相符合，如挡板的极限位置不能使阀板全开或全关，必须进行修整。

（4）圆形蝶阀的阀板和阀体的圆度应一致。为使阀板开关灵活，阀板的尺寸为负偏差，而阀体的尺寸为正偏差。

四、密闭式斜插阀阻力增大

1、现象

插板启闭不灵活，系统的排风量减少。

2、原因分析

（1）插板与滑轨留的间隙过小或插板、滑轨不平直。

（2）阀门安装的方向颠倒。

（3）插板或滑轨生锈，使插板启闭困难。

3、防治措施

（1）插板和滑轨在制作时，应注意其间隙的大小和各自的平直，插板在滑轨内滑动要光滑、严密。

（2）密闭式插板阀主要是用于密封性要求较高的除尘系统。为了不使插板阀产生积尘现象，密闭式插板阀在水平风管上安装时，插板应顺气流方向；在垂直风管上安装时，插板应逆气流方向。

（3）为保证插板启闭灵活，可在插板与滑轨间定期涂润滑油。

五、手动多叶调节阀不灵活

1、现象

调节阀的阀片不能全部开启或关闭。

2、原因分析

（1）阀体外框轴孔不同心，中心线偏移。

（2）阀片的调节杆长度及连接点的位置不准确。

（3）定位板的位置不准确。

（4）阀片与阀体碰擦。

3、防治措施

（1）阀体外框的轴孔应集中采用样板下料和冲孔，并应保持两侧板轴孔距离相等、轴孔同心，缩小中心线偏移的误差。

（2）在批量生产调节阀的过程中，可先组装一个调节阀来确定阀片的调节杆长度及连接点的位置。一般以阀片呈 90° 转角的状态下，确定调节杆的长度和连接点的位置。

（3）调节阀组装后，再确定定位板全开和全闭两个状态间的刻度，标出全开和全关的标志，为工程试验调整和运行创造条件。

（4）调节阀的阀片在下料过程中，应注意阀片与阀体间应留有一定的间隙，防止组装后产生碰擦现象。阀片必须能够互相贴合，间距均匀，搭接一致，保证在全关状态下的严密性。

第六节　系统调试

一、测孔定位偏差

1、现象

在系统试验调整过程中，各测点测定的动压或风速的数值波动较大。

2、原因分析

（1）测孔在风管上的位置不符合要求。

（2）测孔分布不均匀。

3、防治措施

（1）测孔在风管上的位置应选在气流比较均匀稳定的部位，尽可能选在远离各种风阀、弯管、三通以及送排风口等产生涡流有局部阻力的地方。测孔一般选在产生局部阻力部位后方4～5倍管径（或风管大边尺寸）或局部阻力之前1.5～2倍风管直径（或风管大边尺寸）距离的直管段上（见图1-16）。

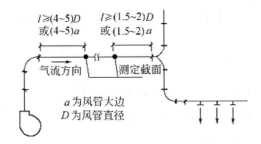

图1-16　测定截面位置图

在现场条件下，有时确实难以找到符合上述条件的截面，此时须将测定截面的位置选在平直管段，并使测定截面距前面局部阻力的距离比它距后面局部阻力的距离长些。

（2）测孔可按下列原则分布：矩形截面测点的位置，是在矩形风管内测量平均风速时，应将风管截面划分为若干个相等的小截面，并使各小截面尽可能接近于正方形，其面积不得大于 $0.05m^2$（即每个小截面的边长为200～250mm，最好小于220mm），测点位于各小截面的中心处，至于测孔开设在风管的大边或小边，视现场情况而定，以方便操作为原则。

圆形截面测点的位置应在互相垂直的同一截面上设置两点。在测定圆形风管内平均风速时，应根据管径大小，将截面分成若干面积相等的同心圆环，每个圆环测量四个点。

二、风管系统漏风

1、现象

空调系统风量减少，净化系统灰尘浓度增加。

2、原因分析

风管咬口缝锡焊不严密，法兰垫料薄，接口有缝隙，法兰螺栓未拧紧，接口不严密，阀门轴孔漏风。净化系统风管制作无保证措施。

3、防治措施

（1）风管咬口缝应涂密封胶，不得有横向拼接缝。

（2）应采用密封性能好的胶垫作法兰垫。

（3）净化系统风管制作应采取洁净保护措施，风管内零件均应镀锌处理。

（4）调节阀轴孔加装密封圈及密封盖。

三、出风口风量混浊

1、现象

室内新风量减少，空气混浊。

2、原因分析

风管安装标高不一致，坐标偏移，风管管口未延伸到风口位置，或风口的预留孔洞标高不标准。

3、防治措施

（1）风管的安装标高、坐标应与设计图纸相符合。

（2）风管的管口必须伸入出风口位置，保证风口四周密封。

（3）预留的孔洞尺寸应适当加大。

四、离心式通风机出口风量不足

1、现象

风机的电机运转电流比额定电流相差的较多，系统总风量过小。

2、原因分析

（1）风机转数下降过多。

（2）风机的实际转数与设计转数不符。

（3）风机的叶轮反转。

（4）风机的叶轮装反。

（5）系统的总、干、支管的风量调节阀没有全部打开。

（6）风管系统的局部阻力过大。

（7）设计选用的风机压力过小。

3、防治措施

（1）风机运转前，首先检查电动机供电电源的电压是否在规定的范围即供电稳定性，待电动机启动并正常运转后测量电动机的转数是否与铭牌相符，如电动机和风机皮带轮尺寸无误时，再测量风机侧转数，如转数低于设计值则说明风机转数不足。若其原因是皮带过松，则检查皮带的松紧度，使其达到松紧适宜的程度，保证风机转数正常。

（2）当系统的风量过小时。（如风机铭牌转数与设计的转数不一致）在电动机容量允许的条件下，可按设计的转数改变电动机或风机的皮带轮尺寸；如电动机容量满足不了皮带轮尺寸改变后的容量，必须更换与风机相匹配的电机，并增大电机主回路电缆的截面积，保证安全供电。

（3）风机的叶轮反转，应将其中两相电源倒换，即能达到风机的正常运转。

（4）风机的旋转方向正确，皮带松紧适中，但风机运转后感觉风压较低，应检查叶轮的叶片方向是否正确；如属产品质量问题，必须由制造厂处理。

（5）风机试车时，必须将系统的各干、支管及风口的风量调节阀全部打开；风机启动后系统总管的风量调节阀，也应在不超过额定电流的情况下，开启至最大状态。

（6）当系统的总管、支干管及各风口的风量调节阀已处于全开状态，空调器的新风一、二次回风及总回风调节阀也处于全开位置，而且风机运转正常，只是电机的运转电流只达到额定电流的60%～70%的情况下，风机出口的风量比设计风量相差较大时，应检查风管系统是否存在过大局部阻力的部位。

1）各调节阀、防火阀的叶片开启位置与阀柄所标志的位置是否一致。如不一致，必须拆开后重新组装或调整。

2）调节阀的叶片是否脱落或调节机构失灵。如有此情况，必须认真处理符合要求后，系统方能运转。

3）空调器及其表面冷却器、加热器的截面是否与系统的风量相匹配。

4）风管系统有无设计欠考虑的局部阻力增大的部分。例如风机出口有无过多的90°弯头等。

（7）风管系统的阻力在试车前应进行估算，特别是空气洁净系统，往往由于设计者的失误，使选择的风机压力偏低，满足不了系统实际阻力的需要。应建议设计单位重新选用风机。

五、通风、空调系统实测总风量过小

1、现象

风机和电机的转数正常，风机运转无异常现象，电机输入电流与电机的额定电流相差较大，各送（排）风口风量小。

2、原因分析

（1）空调器内的空气过滤器、表面冷却器、加热器堵塞；

（2）总风管或支风管的风阀关闭；

（3）风阀质量不高，局部阻力过大；

（4）设计选用的空调器不当；

（5）设计选用的风机全压和风量过小。

3、防治措施

（1）风机运转前，空调器内应清扫干净，对初效过滤器进行清除，减少空气的阻力。

（2）测定总风量时，首先应将各支管及风口风阀全部开到最大位置，然后根据风机的电机运转电流将总风阀逐渐开至最大位置（以不超过电机额定电流为准）。如全部风阀开至最大，其总风量仍很小（运转电流仍很小），应检查风阀开启位置是否正确。

（3）对风阀质量有怀疑时，应从系统中拆下，检查风阀叶片与联杆是否有脱落现象。

（4）对风管系统检查产生局部阻力较大的部位，并根据实际情况提出改进措施，以减少风机的压力损失。

（5）空调器内的气流速度应保持在一定范围内，设计时考虑的表冷器或加热器的冷热负荷，尤其不应忽略气流速度过大增加的动压损失。

六、通风、空调系统实测总风量过大

1、现象

风机和电机运转正常，电机运转电流超过额定电流，各风口的出口风速较大。

2、原因分析

（1）空气洁净系统各级空气过滤器初阻力小。

（2）系统总风管无调节阀。

（3）风机选用不当。

3、防治措施

（1）空气洁净系统在试车阶段高效空气过滤器没有安装，系统阻力远比设计的要小。系统的阻力有一点变化，风机风量就有较大的变化。因此试车中应随时注意电机运转的电流值，并控制在额定范围内。一般采用调节总风管的调节阀开度的方法来控制风量。系统正常运转后将随着运行时间增加，空气过滤器的阻力也不断增加，再逐渐开大总风管风量调节阀的开度，使总风量达到基本稳定。

（2）系统总风管无风量调节阀，会造成风量过大而使电机超载，有烧毁电机的危险。

（3）风管系统设计时，管网系统阻力估算较大，而实际阻力较小，因此实际风量比设计风量大。将总风管的风量调节阀开度减小，增大管网阻力，实际风量减至给定值。或者重新选用风机或改变风机的转数。

七、系统总风量或支管风量调整值偏差过大

1、现象

系统实测的风量与电机运转的电流值不符，房间内各风口的风量偏大或偏小。

2、原因分析

（1）选用测定仪表不合适。

（2）测孔在风管的部位不符合要求。

（3）测孔在风管断面分部不均匀。

（4）测定操作有误差。

（5）测定仪器的准确性未进行技术测定。

（6）动压值的计算整理不符合要求。

3、防治措施

（1）通风、空调系统风量的测定内容有总进风量，总回风量，一、二次回风量，排风量以及各干、支风管内的风量和送、回、排风口的风量。

（2）采用毕托管和微压计或大量程的热球风速仪测量风管内的风速。或用叶轮风速仪或热球风速仪测定送、回、排风口及新风进口处的风量。

（3）重新核定测孔部位，按照规范要求进行合理的科学的确定测孔分布。

（4）测定风管内的风速准确与否除与测定仪表的准确度有关外，还决定于毕托管或热球风速仪测量时的扶持方法和仪器的读数方法。

（5）为了提高系统风量测定数值的准确性，所用的毕托管、风速仪必须进行计量鉴定，并将测定值根据校正曲线进行修正。

第七节　通风与空调工程其他质量常见问题

一、防排烟系统柔性短管选料不当

1、现象

（1）防排烟系统，尤其是正压送风系统及为排烟系统所设的补风系统，其法兰垫料采用闭孔海绵、橡胶板等易燃或难燃材料。

（2）柔性短管采用普通帆布、人造革等易燃或难燃材料，或在其表面采用防火漆或防火涂料，个别工程采用普通帆布外加一层石棉布的做法。参见图 2-17。

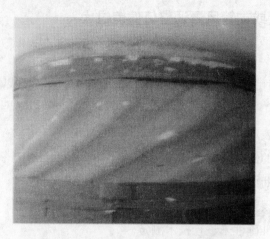

图 2-17 软接使用材料不符合规范要求

2、原因分析

（1）施工单位对新的验收规范不熟悉，仍按旧规范施工。

（2）施工单位为节省成本，采用价格便宜得多的易燃或难燃材料。

3、防治措施

（1）采用易燃材料作柔性短管易引起火灾；用吸水材料易造成柔性短管的霉烂，滋生各类细菌，污染环境。

（2）防排烟系统风管法兰垫料必须采用 A 级不燃材料，排烟系统可使用石棉板等。

（3）防排烟系统柔性短管必须采用不燃材料制作，如硅胶玻纤复合布等，最好采用带有法兰的成品防火软接。

（4）上述法兰垫料和柔性短管在使用前，供货商应提供其材质达到 A 级不燃材料的合格检验报告，安装前做点燃试验，合格后方可使用。

二、极限温度防火阀失效

1、现象

在极限温度时，防火阀动作延时或失效。

2、原因分析

安装反向，阀体轴孔不同心，易熔片老化失灵。

3、防治措施

（1）按气流方向，正确安装。

（2）按设计要求对易熔片作熔断试验，在使用过程中应定期更换。

（3）调整阀体轴孔同心度。

三、洁净室洁净度不达标

1、现象

经测定的洁净室静态含尘浓度较高，满足不了"空气洁净措施"中规定的静动比。

2、原因分析

（1）系统的换气次数少，其送风量满足不了保证洁净度的要求。

（2）高效过滤器后的风管漏风量大。

（3）高效过滤器的密封胶开裂或滤料局部有损坏现象。

（4）高效过滤器与过滤器箱的框架或高效过滤器与风口连接不严密。

（5）洁净室的围护结构不严密。

（6）高效过滤器的技术性能差。

3、防治措施

（1）设计单位应复核设计计算书，乱流洁净室的送风量，应取下列规定的最大值：

1）为控制室内空气洁净度所需要的送风量。

2）按表 2-4 规定的送风量。

3）根据热、湿负荷计算和稀释有害气体所需的送风量。

4）按空气平衡所需的送风量。

表 2-4　洁净室的送风量

空气洁净度等级		100 级		1000 级	10000 级	100000 级
送风量	气流流型	垂直层流	水平层流	乱流	乱流	乱流
	气流流经室内断面风速/（m/s）	不小于 0.25	不小于 0.35	—	—	—
	换气次数/（次/h）	—	—	不小于 50	不小于 25	不小于 15

（2）高效过滤器后的风管不能有明显的漏风现象，风管和部件在制作和安装过程中必须严格遵照《洁净室施工及验收规范》（GB 50591）的要求施工。对风管的咬口缝、铆钉缝及翻边四角等处应涂密封胶或采取其他密封措施。

（3）高效过滤器应在系统风管和空调器内灰尘擦洗干净、洁净室内彻底扫干净后，方可开箱，并在安装前检查其上密封胶有无开裂，滤纸局部有无损坏。高效过滤器安装后，对安装的严密性和高效过滤器本体有无损坏，进行检漏，检漏一般采用浊度计或尘埃粒子计数器等方法。

（4）高效过滤与过滤器箱的框架或高效过滤器与送风口连接不严密，其主要原因是：

1）框架与高效过滤器接触的表面不平整。

2）密封垫片压偏。

3）密封垫片间的连接处有缝隙。

4）与过滤器的压紧螺栓拧的松紧不一。

因此过滤器箱框架与高效过滤器的接触必须平整，单个过滤器框架的不平整度不得大于 1mm，密封垫片必须一面用胶粘剂或密封胶粘牢，防止密封垫片压偏；密封垫片间的连接不能采用直缝，必须采用梯形或榫形连接，与过滤器连接用的压紧螺栓必须拧得松紧一致，保证密封垫片接触严密。

（5）洁净室的围护结构，特别是装配式洁净室的壁板、吊顶，在组装过程中板与板之间必须用橡胶密封条密封好。在洁净度要求严格的围护结构，还应进行检漏。对于 100 级层流洁净室，不允许有由于诱发而导致 0.5μm 以上粒子数超过 3.5 个/L 的结构缝隙；对于装配或土建式乱流洁净室，其诱发泄漏不应超过相应洁净等级的微粒浓度。

（6）高效过滤器的过滤方法有钠焰法和油雾法两种。其效率不得低于 99.91%，初阻力不得大于 24.5Pa。如高效过滤器的过滤效率和初阻力大于规定值时，应予更换。

第三章　建筑电气工程

第一节　室外电气

一、成套配电柜（控制柜）合格证、配件不齐

1、现象

成套配电柜的规格、型号不符合设计要求，随机装箱技术文件不全；柜（箱）内仍使用明令淘汰的电气元器件；接地汇流排截面积小；缺配套的螺栓、垫圈等。参见图3-1。

图 3-1　配电箱锈蚀严重，电气原件已淘汰

2、危害及原因分析

（1）危害

成套配电柜规格、型号不符合设计要求，使用淘汰的产品，未按规范规定选用和安装汇流排，不能保证工程质量。

（2）原因分析

1）定货时未提出具体的技术要求，购买无生产能力、无生产条件厂家的产品。

2）贪图便宜，购买低于成本价的产品。

3）代理商等中间环节出错。

4）对已被淘汰的产品不了解。

5）对接地保护不重视，未按设计要求选择地汇流排。

6）设备进场未认真检查验收。缺少平垫圈、弹簧垫圈，造成接线端子压接不牢固。

3、防治措施

（1）定货时要提出相应的技术要求，对产品有一定的了解；选有生产能力的生产厂家的产品；加强设备进场的检查验收。

低压成套配电柜及动力开关柜等设备的规格、型号、电压等级应符合设计要求、产品标准、施工验收规范；产品上应有铭牌，并注明生产厂家和规格、型号等；设备使用、安装、维护等技术资料文件，出厂检验证明，产品合格证等随带技术文件应齐全。

（2）低压成套配电柜及动力开关柜内，无国家明令淘汰的电气元器件；安装所使用的主要材料均应有产品合格证，其材料规格、型号应符合设计要求、产品标准、施工验收规范；各种附件齐全，外观检查完好无损，瓷件无裂纹及破损，完整无缺。

多关注产品的动态，对明令淘汰的产品有所了解；把淘汰的产品换为合格的产品。

（3）配电柜（箱）必须有地线（零线）汇流排，且选用的汇流排规格必须符合规范规定；注意汇流排的连接线座（孔）的数量和座（孔）的规格与连接导线的规格一致；做到一线一座（孔）。

（4）接地线的截面积要符合要求；将接地线接到母排上；保护接地线的接线端子处，应保证平垫圈和弹簧垫圈齐全；应对偏小截面积的保护接地线进行更换，符合设计和规范规定。

二、成套配电柜（控制柜）门未接地连接

1、现象

（1）成套配电柜（屏、台）柜体普遍漆皮有碰撞痕迹，柜内部件或五金配件遗失，个别柜内元器件不齐全，个别元器件有破损。

（2）装有电器的可开启的柜（屏、台）门、金属框架未接地。

2、危害及原因分析

（1）危害

1）成套配电柜（屏、台）柜体受损，柜内元器件不齐或破损，影响正常使用。

2）装有电器的可开启的柜（屏、台）门未可靠接地，存在触电的隐患。由于门与柜（屏、台）的连接是活动的，有些是采用绞链连接，门与柜（屏、台）并未构成电气连接，一旦门上的电器元件发生故障或电器元件的绝缘老化、电器元件的导线（带电部分）与门构成电气接触时，门就带电，造成危险，如果装有电器的可开启的设备柜（屏、台）门、盖、框架未可靠接地，存在触电的安全隐患。

（2）原因分析

1）起吊配电柜时没有采取有效的保护措施，存放保管不善，过早的拆除包装造成人为

的或自然的侵蚀、损伤。

2）安装过程中未做好成品保护工作，致使个别器件缺损。

3）施工人员未按照规范要求施工，图省事，未将装有电器的可开启的门，用裸铜软线与接地的金属构架可靠地连接。

3、防治措施

（1）加强成品保护。要拿出切实可行的保护方案，对设备进行保护，对遗失部件及时补齐；设备和器材到达现场后，应作检查验收，要求设备无损伤，附件、备件齐全；搬运时应加强保护，不允许出现严重磕碰现象；安装过程中应注意成品保护。对柜体损坏部位及时进行修补；对设备元器件破损的应及时更换，并做好成品保护。

（2）对装有电器的可开启的柜（屏、台）门和金属框架，用裸编织铜线把接地端子间可靠连接、且标识齐全。

4、优质工程示例

参见图3-2。

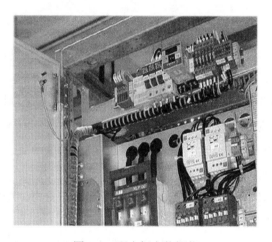

图3-2 配电柜安装规范

三、配电柜（箱）内的接线端子松动、配线凌乱

1、现象

（1）配电柜（箱）内开关设备的接线端子，与相连接导线截面积不匹配，个别处电气间隔和爬电距离小于规范规定。

（2）配电柜（箱）内不按规定的导线颜色配线，保护地线使用黑色的导线，零线也使用黑色的导线。

（3）导线接线端子压接不牢。

（4）电缆进出金属配电柜（箱）处，相线单独穿孔敷设。

（5）配电柜（箱）内低压电缆未加固定。

参见图 3-3。

图 3-3　配电箱内线路凌乱

2、危害及原因分析

（1）危害

1）接线端子与相连接导线截面积不匹配，如导线大而端子小，难以保证线路的截面积；电气间隔和爬电距离小，设备的绝缘强度不符合要求。

2）配电柜（箱）内的导线颜色未按要求配置，导线颜色混乱，难以区分其代表的功能，对导线的识别、维护、检修造成困难。

3）导线的连接端子缺平垫圈、弹簧垫圈，使导线的连接不牢固。

4）相线单独穿孔进出金属配电箱，会造成涡流损耗。

5）配电柜（箱）内低压电缆未固定好，可能会使端子受力，造成线路连接松动。

（2）原因分析

1）未使用配套的端子，如导线大而端子小，可能会剪掉一些芯线来适合端子，使导线截面积变小。

2）设备生产人员对导线的颜色规定不了解，未注意导线颜色的区分，随意使用导线。

3）导线接线端子压接时未一次性压接牢靠，忘记调整并压接牢固。

4）配电箱的预留敲落孔较多，可能为了排列整齐，进出配电箱的三相电线（电缆）单独穿孔，施工人员不知道会造成涡流损耗。

5）电缆安装完毕，遗忘固定。

3、防治措施

（1）接线端子与导线应相匹配，单股导线或多股导线的连接工艺符合要求；电气间隔和爬电距离应达要求，即在设备接线盒内裸露的不同导线间和导线对地间最小距离应大于

8mm，否则应采取绝缘防护措施。

（2）导线的颜色要符合要求，交流三相电中，A 相导线的颜色为黄色，B 相为绿色，C 相为红色，地线应使用黄绿相间导线，零线应使用淡蓝色的导线。

（3）压板连接时压紧无松动；螺栓连接时，接线端子的平垫圈、弹簧垫圈应齐全，并拧紧螺母，使其连接可靠。

（4）交流三相电源的电线、电缆进出金属配电箱时，不能分相单独穿孔敷设，避免出现涡流损耗。

（5）加强施工管理，应有交接验收和质量检查制度，对未固定的电缆按规范规定重新固定牢靠。

4、优质工程示例

参见图 3-4。

图 3-4　配电箱内整洁牢固

四、配电柜（箱）内开关动作不灵活

1、现象

（1）配电柜（箱）内开关动作不正常，开启不灵活。

（2）配电柜（箱）体不规整，保护层脱落，柜（箱）门开启不灵活。

2、危害及原因分析

（1）危害

1）配电柜（箱）内开关动作不正常，造成线路电源通断不灵活，给用电部位留下安全隐患，设备不能正常工作。

2）配电柜（箱）体不规整，门开启不灵活，会影响正常使用。

（2）原因分析

1）配电柜（箱）内开关动作不正常，产生原因是操作机构、开关等产品本身质量不合格，产品进场时未进行检查验收，安装完毕，未进行现场调整。

2）配电柜（箱）体不规整，配电柜（箱）门开启不灵活是箱体制作时未咬口、校正、搬运过程受损、墙体预留孔不当，或安装就位后受压变形，损坏柜（箱）门，使柜（箱）门开启不灵活。

3、防治措施

（1）加强产品进场的检验验收工作，设备的就位安装完毕，应对柜（箱）内的开关、操作机构进行调整，使开关、操作机构动作正常。

（2）搬运成批配电（柜）箱时应防止碰撞；入成品库，运输、保管时要小心轻放、防止受潮、变形；对变形、损坏、开启不灵活的柜（箱）门应进行校正、修复，损坏严重的应予以更换。

（3）安装时应先把基础槽钢安装好后，再安装配电柜（箱）。配电柜先就位，再找正，调平后，柜体与基础，柜体与柜体，柜体与侧挡板均用镀锌螺栓连接固定。保证柜体规整，稳固，柜门开启灵活。

（4）配电箱预埋或预留孔位置尺寸准确，避免箱体受力变形。

（5）柜、箱、盘及支架等的表面保护层脱落处，应重新刷漆，柜、箱、盘表面颜色应和谐一致。

五、电线、电缆的连接端子未处理好

1、现象

（1）2.5mm^2 及以下的多股铜芯导线未搪锡或未接接续端子；截面积大于 2.5mm^2 的多股铜芯线与插接式端子连接，端部未拧紧搪锡。

（2）电线、电缆的连接金具规格与芯线不适配，使用开口的端子，多股导线剪芯；接线处缺平垫圈和防松垫圈，端子压接不牢。

（3）每个设备和器具的端子接线多于2根电线。

2、危害及原因分析

（1）危害

1）多股铜芯导线未搪（浸）锡或压接端子，会使导线的连接不紧固、不可靠，电线、电缆连接不符合规范要求，会使导线接头严重发热，甚至烧坏开关和周围的电气部件和设备。

2）接线端子选用不当，连接不紧固、不可靠，连接处电阻大，接头容易发热、烧毁，使绝缘基座碳化变质，影响相邻回路和其他回路供电。

3）每个设备和器具的端子接线多于 2 根电线，可能造成导线的连接不紧密、不可靠。

（2）原因分析

1）施工人员不熟悉规范要求，贪图方便，无搪锡工具，不按照操作规程施工，减少施工程序，以减少人工和辅材，达到降低成本的目的。

2）定购电缆的连接金具与电缆的芯线规格不配套，购买开口的端子。多股芯线剪芯往往是由于接线端子小或设备自带插接式端子小，芯线无法插入，剪去多股导线的部分芯线来适配连接端子。

操作人员未按工艺程序认真操作，工作马虎，粗心大意，未使用配套的端子和附件，接线端子连接处漏加平垫圈和防松垫圈，接线端子未压接牢固。

3）导线的数量多，接线端子或汇流排的接线座（孔）少，操作人员责任心不强，把多根导线接于同一座（孔）。

3、防治措施

（1）多股铜芯导线应搪锡或压接端子，才能与设备、器具的端子连接，应符合规范要求。

（2）应使用与电线、电缆相适配的连接金具，应使用闭口的端子；导线与端子的连接不能出现剪芯线现象。

（3）电线、电缆的接头应在箱（盒）内连接，接线端子的平垫圈和防松垫圈应齐全，连接处应拧紧固；垫圈下螺丝两侧压的导线截面积相同；导线盘圈方向顺着螺丝拧紧方向。

（4）每个设备和器具的端子接线应不多于 2 根电线；如果出现特殊情况，可使用汇流排过渡。

六、电线、电缆金属导管的管口处理不良

1、现象

（1）锯管管口不齐，管口有毛刺，套丝乱扣。

（2）管口插入箱、盒内长度不一致，缺管口配件。

（3）管接口不严密，有漏、渗水现象。

2、危害及原因分析

（1）危害

1）电线、电缆金属导管的管口不齐，管口有毛刺，无管口配件等，使穿线困难，会破坏导线的绝缘层，造成导线的绝缘强度达不到要求；套丝乱扣，使线管在丝扣连接时，螺丝拧不上、拧不到位。

2）管口插入箱、盒内长度不一致，影响穿、结线及美观，甚至影响箱、盒内元部件的

安全距离。

3）管接口不严密，会使管内落灰进水，腐蚀管内导线，加速导线老化，缩短使用寿命，甚至造成短路、断路。

（2）原因分析

1）锯管管口不齐是因为手工操作时，手持钢锯不垂直和不正所致；管口有毛刺是由于锯管后未用锉刀铣口；穿电线、电缆时易损伤绝缘保护层，造成短路或漏电；套丝乱扣原因是未按规格、标准调整刻度盘，使板牙不符合需要的距离，板牙掉齿或者缺乏润滑油。

2）管口入箱、盒长短不一致，是由于箱、盒外边未用锁紧螺母或护圈帽固定，箱、盒内又没有设挡板而造成。

3）导管接口处导管两端未拧到位，接头不在连接套管的中点；连接套管与导管不配套，大小不一，使连接不紧密。

3、防治措施

（1）锯管时人要站直，持钢锯的手臂和身体成 90°角，手腕不颤动，这样锯出的管口就平整，出现马蹄口可用板锉锉平，然后再用圆锉将管口锉出喇叭口，或使用锉刀铣口，做到切口垂直、不破裂，管无毛刺且平整光滑。

（2）现场制作管接头连接螺纹。套丝时先将钢管固定在台虎钳上钳紧，根据钢管的外径选择好相应的板牙，套丝时应注意用力均匀，以免发生偏丝、啃丝的现象，边套丝边加润滑油，做到丝扣整齐，不许出现乱丝现象。

（3）管口入箱、盒时，可在外部加锁母；吊顶、木结构内配管时，必须在箱、盒内外用锁紧螺母锁住；配电箱引入管较多时，可在箱内设置一块平挡板，将入箱管口顶在板上，待管路用锁母固定后拆去此板，管口入箱就能一致。

（4）连接管箍与导管要配套，连接时两根管应分别拧进管箍长度的 1/2，并在管箍内吻合好，连接好的钢管外露丝扣应为 2～3 扣，不应过长，连接处两端导管的碰口应在连接套管的中点，导管接口应严密，不能脱扣，防止灰、水进管。

七、电线、电缆导管与其他管道的间距小

1、现象

电线、电缆导管与其他管道的间距太近。

2、危害及原因分析

（1）危害

电线、电缆导管与其他管道的间距太近，影响供电线路的散热效果，且当其他管道有故障时，会影响电气线路，使电气设备、器具的运行出现不正常的波动，甚至造成电

气事故。

（2）原因分析

1）施工人员不清楚线管与其他管道之间应有的最小间距；贪图方便，随意施工。

2）工作马虎，放线定位不准确。

3）吊顶内管道太多，没有管线综合图，各个专业各自为政，未进行沟通、协调。

3、防治措施

（1）电线、电缆导管与其他管道间的最小距离应符合表 3-1 的规定。

表 3-1 电气线路与管道间最小距离（mm）

管道名称	配线方式		穿管配线	绝缘导线明配管	裸导线配线
蒸汽管	平行	管道上	1000	1000	1500
		管道下	500	500	1500
	交叉		300	300	1500
暖气管、热水管	平行	管道上	300	300	1500
		管道下	200	200	1500
	交叉		100	100	1500
通风、给排水及压缩空气管	平行		100	200	1500
	交叉		50	100	1500

注：1. 对蒸汽管遭，当在管外包隔热层后,上下半行距离可减至 200mm；

    2. 暖气管、热水管应设隔热层；

    3. 对裸导线，应在裸导线处加装保护网。

（2）施工人员应仔细审图，及时发现问题，应与其他专业协调好。

（3）严格按规范要求施工，不符合要求的部分要重新敷设。

（4）当线管与煤气管在同一平面内，配电盘、箱与煤气管道间距要大于 300mm；当管线有电气开关盒（即有接头）时，与煤气管间距，可参考配电盘、箱与煤气管道的间距，要大于 300mm。

八、电线保护管的敷设及控制要点

（1）电线保护管接口要处理好，保证连接牢固、接口紧密，连接配件配套、齐全，金属导管严禁对口熔焊连接，镀锌和壁厚小于等于 2mm 的金属导管不得套管熔焊连接，金属导管应保证接地电气连接通路；PVC 管采用专用配套接头，连接管两端连接处使用配套、专用的胶合剂进行粘结，保证连接处不渗、漏水等，涂胶合剂前应将连接套管内壁和连接管两端外壁清理干净，以保证连接的牢固。

（2）当电线保护管在墙体剔槽埋设时，宜选用机械切割，采用强度等级不小于M10的水泥砂浆抹面保护，保护层厚度大于15mm。

（3）直埋于地下或楼板内的刚性绝缘导管穿出地面或楼板易受机械损伤的地方，应加上金属套管作保护。

（4）沿建筑物、构筑物表面和支架上敷设的刚性绝缘导管，应按设计要求增设温度补偿装置，保证线路的安全可靠；电气管道跨越建筑结构伸缩（变形）缝时应按规范进行施工（见图3-5）。

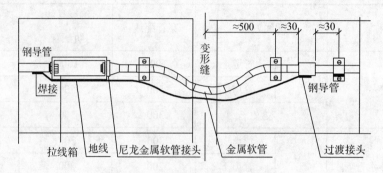

图 3-5 明配管沿墙过变形缝敷设

（5）金属或非金属软管做电线保护管时，与电气设备连接时其长度不大于0.8m；与照明器具连接时其长度不大于1.2m；在潮湿和露天场所应采用防液型复合管。

（6）当高层住宅每层分户套数较多时（6套及以上），在公共通道中的电气线路宜采用走廊顶棚线槽或桥架敷设方式；当采用电线管暗敷时，同一处线管的重叠层数不得超过2层。

（7）电线管不宜并排紧贴敷设，暗配管可利用结构钢筋绑扎将其隔开固定；明配管按规范沿墙、板或支架敷设。

（8）电线管埋入砖墙内时，其表面的保护距离不应小于15mm，管道敷设宜顺直且最大限度地保持墙体结构的完整。

（9）电线管的弯曲半径（暗埋）不应小于管子外径的10倍，管子弯曲要用弯管机或抝棒使弯曲处平整光滑，不出现扁折、凹陷。

各类线管做法见图3-6。

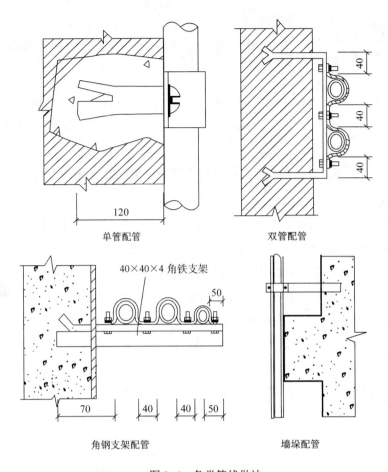

单管配管　　　　双管配管

40×40×4 角铁支架

角钢支架配管　　　　墙垛配管

图 3-6　各类管线做法

九、电缆沟内电缆敷设不规范

1、现象

（1）电缆沟内积水，有杂物，在进户处有渗漏水现象。

（2）电缆支、托架间距大、安装不牢。

（3）金属电缆支架、电缆导管未接地。

2、危害及原因分析

（1）危害

1）电缆沟是敷设电缆的专用场所，有其他杂物，对电缆构成损害，沟内积水，使电缆沟太潮湿而影响电缆的绝缘强度。

2）电缆支、托架间距大，支、托架安装不牢固，造成电缆在支、托架之间下坠、变形、固定不牢固等，影响电缆的敷设质量。

3）金属电缆支架、电缆导管未接地，存在触电的安全隐患。

（2）原因分析

1）电缆沟内防水不佳或未做排水处理，穿越外墙套管与外墙防水处理不当，造成室内进水等。

2）安装电缆沟内支（托）架时，未按工序要求进行放线、定位，固定点位置不准确，为了省时、省料出现固定点间距大；安装固定支（托）架的金属螺栓固定不牢，施工不精细。

3）技术交底不细、施工人员对接地问题不重视、工序交接检查不到位。

3、防治措施

（1）电缆沟应采取防水、排水措施。电缆进户套管穿越外墙时，特别对低于±0.00层地面深处，应用油麻和沥青处理好套管与电缆之间的缝隙，以及套管边缘渗漏水的问题；电缆沟内进水的治理方法，应采用地漏或集水井向外排水。

（2）电缆沟内支（托）架安装应先弹线、定位，找好固定点，预埋件固定坐标应准确，使用金属膨胀螺栓固定时，要求螺栓固定位置正确，与墙体垂直，固定牢固。

（3）接地干线应按设计要求进行选择和敷设，把金属电缆支架、电缆导管可靠地与接地干线连接。

（4）加强技术交底，精心施工，做好工序交接检查验收。

4、优质工程示例

参见图3-7。

图3-7 电缆敷设规范

十、直埋电缆未设置可靠保护措施

1、现象

（1）室外直埋电缆的埋设深度小于700mm，沟底土层松动。

（2）直埋电缆沟底铺砂或细土时，铺设不均匀，厚薄不一。

（3）直埋电缆沟内有杂物。

（4）直埋电缆穿过人行道、车道、设备基础处未加保护。

（5）电缆敷设后未保护。

（6）电缆位置标识不明。

2、危害及原因分析

（1）危害

1）电缆的埋设深度不够，底土层不实，容易造成电缆损坏。

2）直埋电缆沟底铺砂或细土时，铺设不均匀，厚薄不一，使电缆的承托不均匀，可能损伤电缆。

3）电缆沟内有杂物，影响沟底的密实度及电缆敷设质量。

4）穿越设备基础不加套管，当设备基础下沉或设备运转时振动会影响线路的正常进行，在穿越车道处当车辆较重可能会压坏电缆。

5）电缆敷设后未保护，当有挖土施工项目时会破坏电缆保护层，降低电缆的绝缘强度，甚至搞断电缆，出现危险，造成损失。

6）直埋电缆标识不明，当电缆维护、检修或更换时不能方便地找到其准确位置，且其他项目施工时容易造成对直埋电缆的破坏。

（2）原因分析

1）开挖电缆沟的深度不够，电缆沟底土层松软呈胶泥状，不易夯实，密实度不符合要求。

2）电缆沟底铺砂或细土时，为了节省细砂和细土，未均匀分布，铺设工作马虎应付。

3）电缆沟内建筑垃圾未及时清除或清除干净后未及时回填。

4）未做技术交底，考虑不周。

5）电缆敷设后不按规定加保护盖板或盖保护砖。

6）电缆敷设后在拐弯、接头、交叉、进出建筑物及直线段未按规定埋设标桩，标识不明确。

3、防治措施

（1）电缆沟底土质不符合要求时，应及时换土并夯实，保证沟底土层的密实度符合要求。

（2）电缆沟底铺砂或细土时，须放线铺设，沟底应找平，砂垫层厚度为100mm，沟两边应预留坡度防倒坡；确认符合要求后再进行下一道工序。

（3）直埋式电缆敷设前应清除沟内杂物，电缆沟内的杂物清理需有专人检查，并加强成品保护，及时回填，做好预检与隐蔽验收记录。

（4）电缆经过人行道、车道、设备基础处应增加厚壁金属保护套管，或其他坚固的保护措施。

（5）电缆就位后及时调整，找正位置，在电缆上面铺填一层不小于100mm厚的软土或细砂，并盖上预制混凝土保护板，覆盖宽度应超过电缆两侧各50mm，也可用砖代替混凝土盖板。盖板应指向受电方向。

（6）埋设标桩：电缆在拐弯、接头、交叉、进出建筑物等位置应设方位标桩，直线段应适当加设标桩。标桩露出地面以150mm为宜。

十一、灯具接线错误、接地保护不符合要求

1、现象

（1）灯具的相线未接到螺口灯头中间的端子上，灯具的相线和零线反接。

（2）室外灯具不防水，室外壁灯底座积水，导线自电线管引出直接与灯头接线座连接，电线外露。

（3）安装高度距地面低于2.4m灯具，无专用接地端子，专用保护接地线与灯具的安装固定螺栓压于同一座。

2、危害及原因分析

（1）危害

1）灯具的接线错误，如灯具的相线、零线接反或接错，当开关断开时，灯具依旧带电，对人身有触电的安全隐患。

2）室外灯具安装无防水措施，密封不好，容易进水；室外壁灯若不防淋或无排水孔等防水措施，积水无法及时排放，使灯具受潮，灯具内部进水使灯具的绝缘强度不够，灯具不能正常工作，同时灯具受到腐蚀、减少使用寿命。

3）低于2.4m的灯具无专用接地端子，灯具正常不带电裸露导体不接地，当导线绝缘层受损时，裸露导体将会带电，危及人身安全。

将专用保护接地线与灯具的安装固定螺栓压于同一座，当地线随安装螺栓的松开而脱落，导线绝缘一旦受损，外壳将带电，危及操作者、使用者的人身安全。

（2）原因分析

1）由于施工人员技术水平低、交底不细致；相线和零线因使用同一颜色的导线，不易区别，以致相线和零线混淆不清，结果相线未进开关，也未接在螺口灯头舌簧的端子上；灯具的相线、零线接反或接错，将导致开关不能切断火线。

2）室外灯具防水不好是由于选用的灯具防护等级不满足设计和环境要求，或安装时密封圈损坏、压接不严密导致进水；室外的壁灯不防淋、也无排水孔等防水措施，导致底座

积水、不能及时排放。

3）灯具裸露导体未按规范要求可靠接地，是由于施工人员责任心不强、施工马虎。

3、防治措施

（1）为了保证相线和零线不相混淆，应采用不同颜色的导线。零线应采用淡蓝色的导线，相线（A、B、C）各相应分别使用黄色、绿色、红色，以保证相线和零线的明显区别。

相线应进开关，保证相线（火线）接于螺口灯头中间的端子上，并加强检查、交接验收。

（2）室外灯具的防护等级应满足设计及使用环境的要求。室外壁灯应选用防淋型灯具；安装固定的配件都要考虑到灯具容易受到雨、露侵蚀的问题。同时壁灯应有泄水孔，绝缘台与墙面之间应有防水措施。

引向灯具的导线应穿保护管，且保护管与灯具的连接处有配套的配件，管与灯具的连接牢靠、紧密、防水，不能有裸露的导线。

（3）加强施工工人的技术培训，应做详细技术交底，明确接地的问题。对安装高度距地面小于 2.4m 的灯具，必须有专用接地螺栓，且有标识，否则不允许使用。

（4）施工过程严格按照操作规程和规范要求施工。灯具的金属外壳等可接近裸露导体必须接地（PE）或接零（PEN）可靠灯具的接地应接到专用接地端子，且接地应坚固牢靠。不要将保护接地线与灯具的安装固定螺丝压于同一座。

第二节　变配电室

一、照明配电箱随意开孔

1、现象

（1）照明配电箱箱体太小，无法布线、接线。

（2）箱壳穿线孔随意改动，且用气（电）焊随意割长孔。

2、危害及原因分析

（1）危害

1）配电箱的箱体太小，将无法配线，即使能布线、接线，导线间太挤，容易压坏导线，破坏导线的绝缘层，造成漏电，存在安全隐患。

2）在箱壳上随意用电焊或气焊开孔，会造成箱体变形，且箱体容易生锈；切割处难做防腐处理，割长孔容易导致线管固定不牢靠。

（2）原因分析

1）配电箱的箱体太小产生原因是定货时事先未核实箱体尺寸和电器接线端子大小，配电箱安装完后，才发现导线较大，无法直接与电器连接；或者配电箱的生产厂家片面追求降低成本，致使箱体尺寸太小，箱内未留过线和转线空间。

2）在箱壳上随意用电焊或气焊开孔，产生原因是施工人员未使用专用开孔工具进行开孔，未利用箱体预留的敲落孔。

3、防治措施

（1）配电箱在定货时，应附电气系统图及技术要求，生产厂家根据图中导线大小及开关电器型号、规格和技术要求，预留足够的过线和接线空间，对已安装无法布线、接线的配电箱应更换。

配电箱（盘）导线连接牢固，绑扎成束，有适当的余量，无绞结、死弯，包扎紧密，不伤芯线。

（2）配电箱的进线导管孔应为压制孔，应采用专用的开孔器进行开孔，严禁用电焊或气焊对箱体进行开孔，避免箱体受热产生变形。

个别处如果已用电焊或气焊开孔，应在电（气）焊开孔的部位进行修补，重新用开孔器进行开孔，对保护层破坏处，应认真做好防腐处理；保证箱体位置正确，部件齐全，箱体开孔与导管管径适配，暗装配电箱箱体紧贴墙面，箱（盘）涂层完整。

二、配电箱内漏电开关错接

1、现象

漏电保护开关的动作电流大于 30mA，动作时间大于 0.1s。

2、危害及原因分析

（1）危害

漏电保护开关的动作电流大于 30mA、动作时间大于 0.1s，会存在人身触电的安全隐患。

人身电击安全电压为 50V，人体皮肤及接触电阻一般为 1500~2000Ω，当漏电动作电流大于 30mA，不能起到保护作用。

通过人体的电流从几十毫安至几百毫安为小电流电击，根据人体电击死亡机理，小电流电击使人致命的最危险、最主要的原因是引起心室颤动（心室纤维性颤动）。麻痹和中止呼吸、电休克虽然也可能导致死亡，但其危险性比引起心室颤动要小得多。

通过人体 50mA（有效值）的交流电流，既可能引起心室颤动或心脏停止跳动，也可能导致呼吸中止。但是前者的出现比后者早得多，即前者是主要的。如果通过人体的电流只有 20~25mA，一般不能直接引起心室颤动或心脏停止跳动。但如果时间较长，仍会导致心脏停止跳动。这时，心室颤动或心脏停止跳动主要是由呼吸中止导致机体缺氧引起。

根据有关资料显示，人体遭受电击与电流和时间的积有关系。

根据 IEC 出版物 479（1974）提供的《电流通过人体的效应》一文中，电流为 30mA、时间 0.1s 是属于②区，即通常为无病理生理危害效应，如果在③④⑤等位置就存在生命危险。如图 3-8 所示。

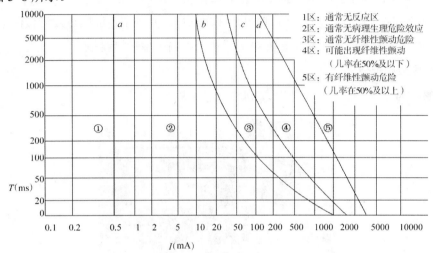

图 3-8　交流电流（50/60Hz）对成年人的效应区域

注：人体重为 50KG 以上；I 为有效值/均方根值

（2）原因分析

选用漏电开关的动作电流，动作时间不符合要求，是因为对人身电击保护的原理不熟悉，对规范要求不清楚，对漏电保护不重视，随便选用。

3、防治措施

（1）要了解人体遭电击的机理，知道漏电保护的重要性，熟悉规范要求。

（2）选择漏电开关时，要保证漏电保护开关的动作电流和动作时间应符合规范规定，即漏电保护装置动作电流不大于 30mA，动作时间不大于 0.1s。

（3）漏电开关安装时，应注意相序、中性线、PE 线，配线时不能接错；安装完毕，通电试验要先做模拟动作试验。

（4）在模拟动作试验后，再用漏电测试仪进行检测，应全部符合要求。

三、配电箱箱体过小

1、现象

配电箱安装完成后，发现箱体过小，无法接线。

2、原因分析

（1）事先未核实箱体尺寸和电器接线桩头大小，配电箱安装完成后，才发现导线较大，无法直接与电器相连。

（2）配电箱厂家片面追求降低成本，致使箱体尺寸过小，箱内未留过线和转线空间。

3、防治措施

（1）配电箱订货时应附电气系统图及技术要求，生产厂家根据图中导线大小及开关电器型号、规格和技术要求，确定是否增设接线端子排，并预留足够的过线和接线空间。

（2）若事先没有防备，则更换配电箱或在配电箱旁增设接线箱。

4、优质工程示例

参见图 3-9。

图 3-9　配电箱箱体大小规整

四、照明配电箱布线杂乱

1、现象

（1）照明配电箱内无零线、地线汇流排。

（2）照明配电箱内导线连接处松动，导线剪芯，配有开口端子，箱内布线乱。

（3）直接将导线引入箱内，导线破损。

2、危害及原因分析

（1）危害

1）照明配电箱内无地（零）汇流排，多根导线随意绑接在一起，易导致导线脱落，导线的识别、检查、维修不方便，存在安全隐患。

2）照明配电箱内导线的连接处松动，导线剪芯，有开口端子，箱内布线乱，会使导线的截面积不够，连接不可靠，存在安全隐患。

3）直接将导线引入箱内，导线破损，导致线路的绝缘强度不符合要求，容易产生短路、漏电现象。

（2）原因分析

1）在照明配电箱的定货时，未提出技术要求；设备进场时未加强检查验收。

2）配电箱（盘）内电线、电缆的连接器具规格与芯线不适配，使用开口的端子；接线端子缺防松垫圈；同一端子上连接的导线多于 2 根，导线盘圈相反，连接处松动；导线进箱后，预留量不够，导线无法绑扎和固定好，造成导线交叉、混乱。

配电箱（盘）内连接金具规格与芯线不适配，当导线截面积大而端子规格小，多股导线容易出现剪芯、断股现象，使导线的截面积不够，而当导线截面积小而端子大时，导线的连接处很难压接牢固；使用开口的端子，导线连接易脱落；接线端子缺防松垫圈，导线连接容易松动；导线盘圈压反，当螺母压接导线到有一定的摩擦力时，导线会反向移动出垫圈的压接范围，螺母（垫圈）压不住导线，可能使导线松动；同一端子上连接的导线多于 2 根，也容易使导线的连接松动。

3）导线在进出箱体时无保护套管，施工人员贪图方便，节省导管。

3、标准要求及防治措施

（1）标准要求

《建筑电气工程施工质量验收规范》（GB 50303）第 6.1.9 条：

照明配电箱（盘）安装应符合下列规定：

1）箱（盘）内配线整齐，无绞接现象。导线连接紧密，不伤芯线，不断股。

2）垫圈下螺丝两侧压的导线截面积相同，同一端子上导线连接不多于 2 根，防松垫圈等零件齐全。

3）照明箱（盘）内，分别设置零线（N）和保护地线（PE）汇流排，零线和保护地线经汇流排配出。

（2）防治措施

1）照明配电箱内应有接地线和零线汇流排，汇流排的截面积应符合要求，接线座（孔、螺栓、螺钉）的数量和规格，应与连接端子、芯线相匹配。

2）电线、电缆的连接金具规格与芯线应适配，使用闭口端子，压接端子时不能出现断股和剪芯线的现象。

配电箱（盘）内导线与接线座连接一般一线一座、一线一孔，同一端子连接的导线不能多于 2 根导线；单股导线直接接在端子上时，导线的盘圈应顺螺纹拧紧方向，盘圈不能盘反；导线连接处应有防松措施，如平垫圈和弹簧垫圈应齐全并应拧紧固。

3）导线在进出箱体处应用保护管作保护，接口要严密；进线导管应从规格适配的孔中引进，排列顺直整齐，一孔一管，导管进箱的长度，应预留好，在锁紧螺母锁紧固（或带牢护帽）后剩 2～4 扣，并配有导线护套。在箱内导线应留有适当的余量，才能把导线放到合适的位置，并绑扎和固定好。箱内导线配线整齐，不出现交叉和绞接现象。

五、变配电室内管道凌乱

1、现象

（1）变配电室内有无关的管道通过，甚至有给水管、采暖管、空调冷凝水管、污水管的接口、检查口安装在室内；配电屏（柜、箱）的上方有水管通过。

（2）配电室内积水，设备受鼠、虫损害。

（3）地下电缆沟内穿外墙套管出现渗漏。

2、危害及原因分析

（1）危害

1）把给水管、采暖管、空调冷凝水管安装在配电房内，将管道接口部位安装在变配电所内，或是将污水管道检查口放在室内，而变配电设备是需要通风干燥的环境的，如果出现"跑冒滴漏"将对变配电所内设备造成危害。

2）配电室的地坪低，室内设备易受潮，使设备的绝缘强度降低，无防护（防水、防虫等）措施，易受鼠、虫等损害。

3）电缆沟渗漏水，将对电气管线、电气设备造成危害。

（2）原因分析

1）变配电室内有无关的管道通过，产生的原因是设计时各专业之间没有配合好，图纸会审时未发现此问题；施工阶段发现存在问题，未及时反馈给设计人员。

2）配电室的地坪低，无加门槛，室内积水；配电室门口未加防鼠板等防护措施。

3）电缆沟渗漏水，产生原因是地下电缆沟内穿外墙套管未做防水处理或防水处理不当，造成雨水或地下水由套管间隙向电缆沟内渗水。

3、防治措施

（1）施工前应进行图纸会审，有问题及早发现，及时修正；在施工阶段发现存在问题，及时反馈给设计院的设计人员，变更设计。

在变配电所施工前，及时对各专业管道走向及安装部位进行协调，不允许雨水、污水管道及各种无关的管道进入变配电所内。

（2）变配电室应有防水措施和有防鼠、虫等小动物的措施。增设门槛，或抬高变配电室内地坪，并应有排水措施；门口有防鼠板，各个部位做好密封。

（3）地下电缆沟内穿外墙套管应为防水套管，套管与电缆之间应采用油麻封堵，然后要求土建对外墙套管与电缆缝隙处再做一次防水处理，确保套管在外墙处的防水做到严密可靠，不渗漏水。

4、优质工程示例

参见图 3-10。

图 3-10　变配电室内整洁

六、变压器及高（低）压开关柜接地不规范

1、现象

（1）高（低）压开关柜的接地母排经基础槽钢串接接地；在基础槽钢上焊接的接地连接螺栓松动，跨接地导体截面积偏小。

（2）变压器中性点通过基础槽钢上焊接一个螺栓，用导线跨接地，连接处松动；变压器中性线、接地线截面积过小。

（3）变压器的金属防护栏、金属活动门接地不良。

（4）接地线搭接处接触不紧密。

参见图 3-11。

图 3-11　配电箱门未接地

2、危害及原因分析

（1）危害

1）高（低）压开关柜的接地母排未直接与接地装置的引出干线连接，而是通过基础槽钢串联连接，将导致接地不可靠，增加故障点，存在安全隐患。

高低压开关柜接地螺栓松动或接地导体截面积偏小，使接地线难以承受接地故障电流，不能保证接地的电气连续性。

2）变压器中性点通过基础槽钢串接，中性线的导体截面积小，连接处松动，都会存在安全隐患。

变压器中性点未与接地装置引出干线直接连接，变压器中性线和保护接地线未按设计要求和规范要求进行正确连接，使变压器中性点至接地装置引出干线的距离增大，连接不可靠，尤其通过基础槽钢串联连接。

变压器的接地既有高压部分的保护接地，又有低压部分的工作接地；而低压供电系统在建筑电气工程中普遍采用 TN—S 或 TN—C—S 系统，且两者共用同一个接地装置，在变配电室要求接地装置从地下引出的接地干线，以最近的路径直接引至变压器壳体和变压器的零母线 N（变压器的中性点）及低压供电系统的 PE 干线或 PEN 干线，中间尽量减少螺栓搭接处，绝不允许经其他电气装置接地后串联连接，以确保运行中人身和电气设备的安全。

接地线截面积不够，难于保证足够的故障载流量，不足以承受流过的接地故障电流而使保护器件动作，且在保护器件动作电流和时间范围内会损坏导体或它的连续性；螺栓松动未拧紧使接地连接不可靠。

3）变压器的金属防护栏及其金属活动门，是经常接触到的正常非带电可接近裸露导体，若不接地或接地不可靠，当带电导体碰到其后，保护装置无法动作并切断带电回路，会造成触电等事故。

4）接地线搭接处接触不良，造成接触电阻增大，接地保护回路的接地电阻会相应加大，接地故障点电位升高、保护器件动作不正常，危及生命和财产安全。

（2）原因分析

1）安装高压柜和变压器基础时，未将接地干线敷设到位，设备就位前未做好检查，当设备安装固定后，才发现接地线未敷设。随便把接地线连接到基础槽钢，设备的接地从基础槽钢引出，存在串接接地现象。

2）施工人员不熟悉规范要求，特别是强制性条文的规定，未按设计与规范要求选择接地线，施工人员责任心不强，工作马虎，管理不到位、人为图省事造成。

3）变压器的金属防护栏及其金属活动门的铰链处，未用编织软线跨接接地。

4）接地线用螺栓连接时，接触面未经处理或螺栓连接处未加平垫和弹簧垫圈等紧固件。

3、防治措施

（1）在做设备的基础时，应将接地干线引到位，在设备就位前，应对照图纸加强检查和交接验收，注意检查接地线安装到位情况，使设备能直接以最近的距离与接地干线连接。

高（低）压开关柜的接地母排应直接与接地装置的引出干线连接，中间尽量减少螺栓搭接处，绝不允许经其他电气装置接地后，串联连接过来，以确保运行中人身和电气设备的安全。

使用螺栓连接时，接地螺栓及接地导线截面应合格，弹簧垫、平垫圈都应符合规定，压接牢固可靠。

（2）变压器中性线和保护接地线应直接与接地干线相连接，并保证连接点的可靠性。接地线的截面积应达要求，保证接地线的截面积不小于相线的一半。

（3）变压器的金属防护栏及其防护栏杆的金属活动门应跨接地，接地线应采用编织铜线，并应连接紧固牢靠。

（4）接地导体连接面应符合要求。如采用螺栓连接时接触面未经处理的，要求重新施工：将螺母卸下，将设备与接地线的接触面擦干净；根据连接导体的材质，如钢与钢：搭接面搪锡或镀锌；钢与铜：钢搭接面搪锡；铜与铜：室外、高温且潮湿的室内，搭接面搪锡；并涂中性凡士林油，然后接入螺母并拧紧固；所有接地螺栓都需加平垫和弹簧垫圈以防松动。

七、变压器安装缺陷及处理

1、现象

油浸变压器在放油阀门处出现渗漏，气体继电器安装方向或坡度不符合规定，防潮硅胶失效，变压器中性线和保护接地线安装错误，温度计安装不符合规范规定，电压切换装置切换不灵活或错位，变压器连线松动。

2、原因分析

变压器油路安装附件密封不好或截门损坏；气体继电器安装时，未考虑其方向或坡度，防潮硅胶受潮变成浅红色，变压器中性线和保护接地线未按设计要求进行正确连接，变压器用温度计安装时，考虑不周，造成测试位置不准确。采用的导线不是温度补偿导线，或者导线连接点固定不牢。电压切换装置在安装时未调整好，造成切换不灵活或错位。变压器一、二次引线，压接螺栓未拧紧。

3、防治措施

防潮硅胶失效应及时更换或在 115～120℃烘箱内烘烤 8h 以上，进行烘干后使用。变压器中性线和保护接地线应按设计要求，进行正确的连接，以保证保护接地线零电位。安装温度计时，应将温度计置于油浸变压器套管内，并在孔内加适当的变压器油，刻度置于便于观察的方向。干式变压器的电阻温度计已预埋其内，应注意调整温度计引线的附加电阻（即进行温度补偿），以便缩小温度计的读数误差。电压切换装置安装前应做好预检，检查电压切换位置是否准确可靠，转动灵活。如为有载调压装置时，必须保证机械联锁和电气联锁的可靠性，触头间应有足够的压力（一般为 80～100N）。变压器一、二次引线连接时，压接要牢固，紧固螺栓时应用力矩扳手，并应有可靠的防松措施。

4、治理方法

对油浸变压器在放油阀门处出现渗漏现象，在变压器安装前进行检查，确认变压器无漏油现象再进行安装，不合格的阀门不得采用。没有产品合格证的变压器油路及其附件亦不得采用。

气体继电器安装前应进行检查，观察窗应装在便于检查的一侧，沿气体继电器的气流方向有 1%～1.5%的升高坡度。

八、照明配电柜（箱）接地不正确

1、现象

（1）进户线在进户总箱内未按设计要求做重复接地，重复接地线截面积偏小。

（2）装有按钮及带有指示灯的箱门未跨接接地。

2、危害及原因分析

（1）危害

1）按设计要求必须做重复接地而未做重复接地，重复接地线截面积偏小，供电可能不正常。

2）装有按钮及带有指示灯的箱门未跨接接地，当相应的部件绝缘老化时，可能会带电，或带电导体碰门或箱体时，会危及人身安全。

（2）原因分析

1）施工人员未熟悉施工图纸，技术交底不详细，未搞清楚是否需做重复接地，或者知道需重复接地，但是不同施工单位交叉作业而忘记做重复接地。

2）施工人员安全意识不强，未将装有电器的可开启的门与接地线可靠地连接。

3、防治措施

（1）根据施工图纸中低压配电系统接地要求，做好重复接地；并保证接地线的截面积符合设计和规范要求；当设计无要求时，重复接地线的截面积应不小于进户线相线截面积的一半。

（2）箱、盘接地应牢固紧密，装有按钮和指示灯的可开启的箱门应用裸编织铜线与箱、盘金属框架的接地端子连接，并与接地干线可靠连接，且有标识。

连接柜、屏、台、箱、盘面板上的电器及控制台、板等可转动部位，应采用多股铜芯软电线进行跨接地。

九、配电箱安装缺陷及防治措施

1、现象

（1）铁箱盘面接地位置不明显。

（2）预留墙洞抹水泥砂浆不规格。

（3）在240mm厚砖墙或160mm厚的混凝土墙内暗装配电箱，墙背面普遍裂缝。

（4）箱体不方正。

（5）贴脸和门扇变形，贴脸门和木箱深浅不一。

（6）明闸板（盘）木质太次，距地高度不一致。

2、原因分析

（1）明闸板（盘）距地高度不一致，是因为预下木砖时没有测准标高线，安装时又观察不仔细。

（2）铁箱盘面接地线装在盘背后，没有装在盘面上，没有很好掌握安装标准；预留墙洞抹水泥砂浆时，没有掌握尺寸。

（3）在240mm厚的砖墙或160mm厚混凝土墙内暗装铁木配电箱，因墙体薄，箱体背面又未钉钢板网，抹灰层不粘结，致使墙面普遍出现裂缝。

（4）箱体制作时未啮口、校正。

（5）贴脸和门用黄花松制作或者木材厚度太薄，在运输、堆放、保管过程中受损、受潮，时间一长产生变形。

（6）稳装箱体时与装修抹灰层厚度不一致，造成深浅不一。

3、防治措施

（1）铁箱铁盘面都要严格安装良好的保护接地线。箱体的保护接地线可以做在盘后，但盘面的保护接地线必须做在盘面的明显处。为了便于检查测试，不准将接地线压在配电盘盘面的固定螺钉上，要专开一孔，单压螺钉。

（2）在240mm厚的砖墙内做暗配电箱时，箱的厚度要小于220mm，保持背面缩进墙内20～40mm，先在背面两边钉木条，然后再钉钢板网，做法如图3-12（a）所示。对于160mm厚的混凝土墙内的暗配电箱，为了保证安装电能表，必须正面突出墙面。盘面前应至少有120mm空间距离（电能表厚度为110mm），如图3-12（b）、（c）所示。

（3）一般正面做箱套加厚，以增加它的厚度。砖墙留洞后，在抹水泥砂浆前，应预埋好木砖，钉好钢板网和二层板的木带，以便装贴脸门扇，如图3-12（d）所示。

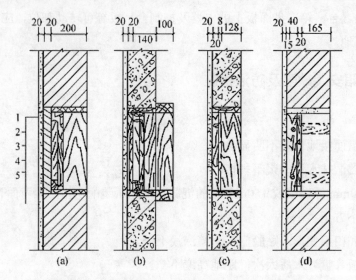

图 3-12　配电箱背面钉钢板网做法（单位：mm）

（a）240mm 砖墙内（木配电箱）；（b）160mm 混凝土墙内（木配电箱加厚）。

（c）160mm 混凝土墙内（塑料板底及盘面）；（d）240mm 砖墙内（砖洞抹水泥砂浆木盘面）

1—白灰罩面；2—水泥砂浆；3—钢板网；4—板条；5—木配电箱

（4）制作木质配电箱时，要按标准做铆牙榫，不得用钉子钉。

（5）贴脸门扇木料应选用干燥的红白松，木板厚度不少于 20mm。成批配电箱应入成品库，运输、保管时要防止受潮变形。

（6）稳装木配电箱时应凸出墙 10～20mm，在预下配电板（盘）木砖时一定要看准标高，在抹灰之前先钉好标志钉，便于安装，保证质量。

（7）配电箱背面已经出现裂缝，应将龟裂的抹灰层凿去，重新钉钢板网，以高强度水泥砂浆填补，石灰膏罩面抹平。

（8）木质配电箱缩进墙体太深，应用同样厚的木板条钉在木箱帮上，使箱体口与灰面一样平。

十、盘上电器具安装缺陷及防治措施

1、现象

（1）分支线未用分支端子板连接。

（2）导线引出板面，未套绝缘管。

（3）螺旋式熔断器的接线不符合规定，配线紊乱。

（4）电器具排列不整齐，安装不牢固，瓷质闸具的铜接线柱松动，导线孔堵塞，压线不牢固。

（5）DZ10 自动开关和多股铝导线压头，误用开口铜接线端子。

2、原因分析

（1）工作零线分支在盘后用并头连接封住。

（2）使用开口铜线端子时没有先接出铜线。

（3）未按导线的排列顺序布线，绑系凌乱。

（4）闸盒安装前未画线打眼，单个螺钉安装的瓷插保险容易转动。

（5）电器具的铜质零件松动，安装时未修整。

3、防治措施

（1）器具安装要做到上、下、左、右四周尺寸均匀，留有余地，以便更换熔丝时能下工具。

（2）导线引出板孔，均应套绝缘套管。如配电箱内装设的是螺旋式熔断器，其电源线应接在中间触点的端子上，负荷线应接在螺纹的端子上。

（3）配电盘的盘后配线，应根据电器具的出线位置和芯线根数多少，采取不同的方式绑扎和固定。

（4）配电盘装电器具前，应按施工图中标出的盘面组合形式及盘面布置方式排列好，量好尺寸，先画线再打眼。对于单螺钉固定的瓷插保险，可在其背面抹一层环氧树脂或乳胶，再用螺钉拧紧固定。有的器具顶丝过短，芯线又过细压得不紧，应将导线折几下再压头。

（5）工作零线分接各支路时，必须在盘面上加装接线端子板。

（6）配电箱内发现零线用并头连接分支的，应改用端子板。

（7）铜铝未做过渡接头，应改用过渡接头。

十一、设备间选址不当

1、现象

（1）设备间内空气浑浊温度过高或湿度偏低。

（2）设备间离建筑物干线电缆接口或井道太远。

（3）设备间和强磁场干扰系统共用一个设备间。

（4）设备间无法作接地保护连接或接地不良好。

2、危害及原因分析

（1）危害

1）设备间内通风不好，环境温度高，设备散热不好，影响设备正常运转的寿命；空气湿度过低容易产生静电对微电子设备造成干扰。

2）离建筑物电信接入机房等太远，外部网络线缆接入困难及线缆超长。

3）没有充分了解设备间现场环境，导致弱电系统设备运转不正常。

4）导致设备容易遭遇雷击或产生静电干扰。

（2）原因分析

1）设计时没有充分考虑设备间的选择位置及环境。

2）设计设备时没有认真了解规范，没有严格按照标准执行。

3）网络设备和强电设备摆放得太近。

4）设备间未预留接地引出点或敷设接地干线，施工时对接地保护的连接无法实施或重视程度不够。

3、防治措施

（1）设备间应选择处于干线子系统的中间位置或竖井出线部位附近，或考虑靠近电梯通道的部位，应考虑防止水害（如自来水管爆裂、暴雨成灾等）。

（2）设计设备间时应充分了解现场实际情况和信息点的分布情况。

（3）设备间的选址防止易燃易爆物的接近和强电磁场的干扰，如和强电同在一个设备间要用金属板与强电设备隔开，隔板也要接地后电阻不应大于 1Ω。

（4）设备间选址时应充分了解接地规范。

4、优质工程示例

参见图 3-13。

图 3-13 设备间选址规范

第三节　供电干线

一、电缆桥架、母线槽安装重点防控

1、金属电缆桥架及其支架全场不少于2处（一般在变配电室、电气竖井各一处）与接地（PE）干线相连接。

2、非镀锌电缆桥架间连接板的两端跨接铜芯接地线连接在电缆桥架专用接地螺栓上，其接地线最小截面积不小于 $4mm^2$；桥架本体应固定在支架上且支架接地良好；引入或引出的金属导管应与桥架间做跨接线。

3、母线槽的金属外壳每段用不小于 $16mm^2$ 裸编织软铜带跨接；所有跨接线防松装置齐全（见图3-14）。

4、钢制电缆桥架直线段长度超过30m设置伸缩节；电缆桥架跨越建筑变形缝处设置补偿装置。

5、电缆桥架、封闭式母线水平穿越防火隔墙或垂直穿越楼板（电气竖井）的所有孔洞应用防火板（枕）及防火泥做防火密闭封堵与隔离（见图3-15）。

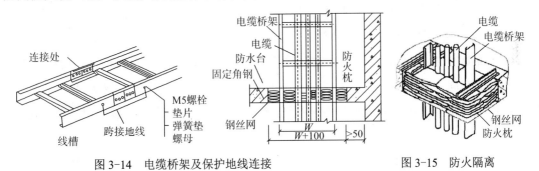

图3-14　电缆桥架及保护地线连接　　　　　图3-15　防火隔离

二、电缆桥架等附件不齐、连接不牢固

1、现象

（1）镀锌电缆桥架的连接处用电（气）焊焊接，接头拼装处毛刺未处理。

（2）连接螺栓的螺母安装在桥架的内侧。

（3）电缆桥架转弯处的弯曲半径小于桥架内电缆最小允许弯曲半径。

2、危害及原因分析

（1）危害

1）在施工现场临时随意加工电缆桥架的连接件，镀锌电缆桥架的连接处用电（气）焊焊接，接头拼装处毛刺未处理，将破坏电缆的保护层、损伤芯线，难以保证连接处的安装质量。

2）连接螺栓的螺母安装在桥架的内侧，会割伤电缆。

3）电缆桥架转弯处的弯曲半径小于桥架内电缆最小允许弯曲半径，敷设电缆时将电缆硬压在桥架内，电缆的弯曲半径太小，会损伤电缆绝缘层及芯线。

（2）原因分析

1）定货时未提出要求，设备进场时未做联合验收，或未按产品标准和规范要求验收；电缆桥架及部件、附件不齐，变向、变径接头部位安装未采用标准配套附件。

2）施工人员认为螺帽在外美观，片面追求美观，把连接螺栓的螺母安装在桥架的内侧。

3）电缆桥架定货时未考虑电缆的大小及电缆的最小允许弯曲半径。施工时盲目追求线路捷径，减小桥架的弯曲半径，或设计时桥架规格偏小。

3、防治措施

（1）电缆桥架定货时应提出技术要求，设备材料进场时应加强进场验收工作，产品有铭牌，有产品合格证和检验报告，电缆桥架及部件、附件应齐全，外观检查时未发现缺陷。

电缆桥架安装前，应根据结构型式及桥架走向，按照规范要求的间距进行放线、定位，确定出变向（拐弯）、变径、与箱（柜）处的接口部位及桥架配套安装部件的尺寸，应采用同一厂家生产的桥架配套附件，要求连接严密、固定牢固、能够承载桥架及电缆的重量。

对未采用配套安装部件、附件的，且有可能影响到桥架安装质量及割伤电缆的，应更换为合格的部件。

（2）连接螺栓的平（圆）头应安装在桥架的内侧，螺母安装在桥架的外侧，接头拼装处毛刺应处理干净、平整。

（3）镀锌电缆桥架的连接处不应采用电（气）焊焊接，应使用配套的连接板，采用配套的镀锌螺栓连接，且平垫圈和弹簧垫圈等应齐全。

（4）电缆桥架转弯处的弯曲半径不小于桥架内电缆最小允许弯曲半径，应把不符合要求的桥架段，更换成符合要求的连接段。

4、优质工程示例

参见图3-16。

图 3-16 桥架链接牢固

三、电缆桥架直线段超长、变形缝处无补偿措施

1、现象

（1）电缆桥架直线段长度超出要求，未设置伸缩板（节）等补偿装置。

（2）电缆桥架在穿越变形缝处，无补偿装置。

2、危害及原因分析

（1）危害

1）桥架直线段超过允许长度，未按施工工艺要求设置伸缩板等补偿装置，温度变化时，建筑物的膨胀量大于桥架的膨胀量，可能造成桥架变形。

2）穿越建筑物变形缝处，未按施工工艺要求设置伸缩板（节）等补偿装置，在建筑物发生伸缩、沉降变化时，可能造成桥架变形，影响电缆线路的质量。

（2）原因分析

1）未认真审阅图纸，对工程的情况，管线的走向、长度等不清楚。

2）对规范要求不熟悉，不知道在什么情况下需要增加补偿装置。

3）施工时遗漏补偿装置。

3、防治措施

（1）设计单位应在图纸上说明清楚。

（2）认真审阅图纸，熟悉工程的具体情况，对管线的走向了解清楚。

（3）在电缆桥架定货、施工等阶段，都应注意电缆桥架是否超长，是否有变形缝，做到心中有数，及时设置补偿装置。

（4）应根据规范和施工工艺要求，在需要的位置设置伸缩板等补偿措施。

四、电缆桥架与其他管道距离太近

1、现象

（1）电缆桥架与其他管道的距离小。

（2）电缆桥架敷设在热力管道上方，安全距离小且无隔热措施。

2、危害及原因分析

（1）危害

1）电缆桥架与其他管道的距离小，电缆会受到其他管道的影响，如水管漏水等。

2）电缆桥架敷设在热力管道上方，安全距离小且无隔热措施，电缆会受到热力管道的影响。

（2）原因分析

1）原因是设计深度不够，在设计时，各专业设计未汇总签字，对桥架，通风、给排水、空调等管道的走向、交叉问题未合理安排和互相协调，无可行的综合布置方案来指导施工，而是各行其是，所设计的图纸未认真汇签，把各专业的设计问题交给了施工单位，由施工单位再进行二次设计。

2）施工各方协调不当，电气专业安装前，未及时与其他各专业进行综合图纸会审，只是按粗糙的设计图纸进行施工，各专业管道、电缆桥架等，走向曲折，距离小，安装困难，为躲避通风、水暖等其他管道而绕圈，走向混乱，同时电缆桥架会受其他管道漏水的影响。

3）电缆桥架敷设在热力管道上方，安全距离小且无隔热措施，无考虑热力管道高温度对电缆的影响。

3、防治措施

（1）电缆桥架与各专业管道的距离，设计时各专业设计就应汇总研究，对桥架、通风及空调管道、给排水管道等的走向、交叉问题综合考虑、互相协调，有条件的应绘出综合管线布置图，施工过程各专业之间也要互相协调，使电缆与其他管道间有合适的间距。

（2）电缆桥架不应敷设在热力管道的上方，且应有符合规定的安全距离；如果距离小于规定，应有隔热措施。

五、电缆桥架的跨接接地未达要求

1、现象

（1）电缆桥架的跨接地线截面积小于 $4mm^2$；镀锌电缆桥架的连接板两端缺防松螺帽

或防松垫圈。

（2）用电（气）焊把接地线焊到桥架上，电缆桥架的保护层脱落。

（3）电缆桥架的支架和引出的金属电缆导管未接地,全长少于 2 处与接地干线相连接。

（4）桥架未敷设接地干线，利用桥架系统构成接地干线回路时，无测试端部之间的接地电阻。

2、危害及原因分析

（1）危害

1）电缆桥架的跨接地线截面积小、连接处不紧固,易受机械损害,都会使接地不可靠,存在安全隐患。

2）采用电（气）焊直接在桥架上焊接接地线,会破坏了电缆桥架的保护层,使其防腐性能降低,影响其使用寿命。

3）金属电缆桥架的支架和引出的金属电缆导管未接地,会存在安全隐患。

4）桥架系统无接地干线,桥架（及支架）全长无 2 处与接地干线相连接,端部之间的接地电阻未达要求,接地不可靠。

（2）原因分析

1）不熟悉规范要求,为了降低成本,接地线使用小截面积的导线。

2）为了省去跨接工作,直接将接地线焊到桥架上。

3）认为金属电缆桥架的支架及引出的金属电缆导管与电缆桥架是金属物连接,不用再跨接接地；桥架全长无 2 处与接地干线相连接。

4）利用桥架系统构成接地干线回路,未测试出端部之间的接地电阻。

5）施工时粗心,遗漏跨接接地。

3、防治措施

（1）电缆桥架安装时,应采用截面积不小于 $4mm^2$ 的接地线,对该跨接地的部分进行可靠接地,镀锌电缆桥架连接处用连接板固定,连接板两端可不跨接接地线,连接板两端的平垫圈和弹簧垫圈应齐全并应拧紧固。

（2）应避免把接地干线直接焊接在电缆桥架上。电缆桥架的镀锌层或喷塑层脱落处应进行去锈,刷防锈漆（底漆和面漆）等防腐处理,刷面漆使颜色与桥架原来的颜色一致。

（3）在电缆桥架的全长敷设一接地干线,把接地干线固定在电缆桥架的支、吊架上,金属电缆桥架全长及其支、吊架应可靠接地,接地干线的材质可采用镀锌圆钢、镀锌扁钢或扁铜；建议在电缆桥架的两端头、转弯处、直线段每隔 30m、变形缝处连接端两侧等部位与接地干线相连接,保证桥架全长至少 2 处与接地干线相连接。

（4）当允许利用桥架系统构成接地干线回路时，应测试出端部之间连接电阻值并应符合规范要求，即不应大于 0.00033Ω；在伸缩缝或软连接处应采用编织铜线跨接接地。

六、桥架内电缆固定不牢、弯曲半径小

1、现象

（1）敷设于桥架内的电缆未固定好、固定点间距大。

（2）电缆的弯曲半径小。

（3）电缆敷设出现绞拧、铠装压扁、护层断裂和表面严重划伤的现象。

2、危害及原因分析

（1）危害

1）电缆固定是为了使电缆受力合理，保证固定可靠，如果不固定好会因意外冲击时发生脱位而影响正常供电。特别是截面积较大的电缆，当电缆的竖向固定点间距离过大时，线路的重量增加，电缆的芯线、绝缘保护层与统包部分都会受超负荷的拉力损伤，引发事故。

2）电缆的弯曲半径小会损坏电缆的芯线和电缆绝缘层。

3）危害电缆的敷设如果出现绞拧、铠装压扁、护层断裂和表面严重划伤，可能损伤电缆的芯线，使电缆局部发热，载流量下降；可能破坏电缆的绝缘层，造成电缆的绝缘强度达不到要求。

（2）原因分析

1）不熟悉规范要求，未按要求固定好电缆。

2）电缆桥架定货时未考虑电缆的大小及电缆的最小允许弯曲半径，桥架转接头弯曲半径偏小，施工时动作粗暴，压伤电缆。

3）电缆出厂的品质控制，运输、库存等环节出错，敷设前电缆已出现损伤。

4）电缆的敷设未按工序施工，采用的机夹具不配套，施工过程对电缆未做好保护。

3、防治措施

（1）电缆在桥架内敷设前，须将电缆事先排列好，画出排列图表并按图表施工。

（2）电缆敷设排列整齐，水平敷设的电缆，首尾两端、转弯两侧及每隔 5～10m 处设固定点；电缆的固定点间距应符合表 3-3 的规定。

敷设时应敷设一根，整理一根，卡固一根。

表 3-2　电缆的固定部位表

敷设方式	构架型式	
	电缆支架	电缆桥架
垂直敷设	电缆的首端和尾端	电缆的上端
	电缆与每个支架的接触处	每隔 1.5m～2m 处
水平敷设	电缆的首端和尾端	电缆的首端和尾端
	电缆与每个支架的接触处	电缆转弯处
		电缆其他部位每隔 5～10m 处

表 3-3　电缆固定点间距（mm）

电缆种类		固定点间距
电力电缆	全塑型	1000
	除全塑型的电缆	1500
控制电缆		1000

（3）敷设电缆时应保证电缆的弯曲半径不小于电缆的最小允许弯曲半径，如表 3-4 所示。

表 3-4　电缆最小允许弯曲半径表

序号	电缆种类	最小允许弯曲半径
1	无铅包钢铠护套的橡皮绝缘电力电缆	$10D$
2	有钢铠护套的橡皮绝缘电力电缆	$20D$
3	聚氯乙烯绝缘电力电缆	$10D$
4	交联聚氯乙烯绝缘电力电缆	$15D$
5	多芯控制电缆	$10D$

注：D 为电缆外径。

（4）电缆的敷设应按工序施工，采用的机夹具应配套，施工过程对电缆应做好保护。

七、桥架盖板不规范

1、现象

（1）桥架内电缆总截面积大于规范规定值，出现叠压，盖不上盖板。

（2）不同电源或同一电源不同回路有抗干扰要求的电缆敷设在同一桥架内。

参见图 3-17。

图 3-17　桥架盖板漏盖

2、危害及原因分析

（1）危害

1）桥架内电缆过多，会导致电缆运行时散热困难，降低载流量，减短电缆使用寿命，出现叠压，盖不上盖板，使电缆的维护、更换困难，甚至存在安全隐患。

2）不同电源或同一电源不同回路有抗干扰要求的电缆敷设在同一桥架内，会出现互相干扰。

（2）原因分析

1）设计的电缆桥架截面积偏小，未按设计要求在桥架内随意增加电缆；敷设电缆时出现交叉、叠压未调整好，造成敷设后的电缆高出盖板，设计时没有充分考虑电缆与桥架的搭配，敷设电缆时不注意成品保护。

2）设计单位设计时考虑不周到或施工单位为了减少桥架，将不同电源或同一电源不同回路有抗干扰要求的电缆敷设在同一桥架内。

3、防治措施

（1）电缆桥架的尺寸、型号、规格，应充分考虑电缆的多少与电缆在桥架内的填充率，并应留有一定的备用空位。电缆总截面积与桥架横断面面积之比，电力电缆不应大于 40%，控制电缆不应大于 50%。

（2）在电缆桥架施工前，应事先考虑好电缆路径，满足桥架上敷设的最大截面电缆的弯曲半径的要求，并考虑好其排列位置。电缆在桥架内敷设前，须将电缆事先排列好，画出排列图表并按图表施工。

（3）安装电缆桥架或敷设电缆时应注意成品保护。对桥架内电缆出现叠压的，应在电缆未接头前适当调整。

（4）不同电源或同一电源不同回路有抗干扰要求的电缆不应敷设在同一桥架内。

4、优质工程示例

参见图 3-18。

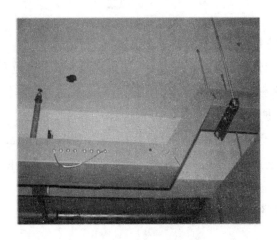

图 3-18　桥架盖板铺设规范

八、电气竖井搭设不规范

1、现象

（1）强电竖井面积太小，强电井内配电箱的箱前操作距离小。

（2）强电、弱电同一竖井，强电与弱电线路未分开敷设，且无屏蔽等防护措施。

（3）强电竖井与管道井相邻未做防水处理，有无关的水管通过。

2、危害及原因分析

（1）危害

1）强电竖井面积太小，配电箱等设备无法布置，配电箱箱前操作距离小，会造成操作和维修不方便，存在安全隐患。

2）强、弱电线路设置于同一竖井内，弱电线路和弱电设备无屏蔽措施，会使弱电线路和设备受到强电系统的干扰，影响弱电系统的正常工作。

3）强电竖井里的电气设备、电气元器件、电线、电缆等，要求有干燥的环境，有水管通过，或与管道井相邻未做好防水处理，强电井内可能受潮，使电气线路、设备和元器件受损。

（2）原因分析

1）设计未考虑设备安装的位置和配电箱箱前操作空间；在设备布置、安装时也未考虑箱前的操作距离和设备维修问题。

2）为了提高建筑物的实用率，未考虑强、弱电的干扰问题；把强电、弱电设置在同一竖井内。

3）各专业设计人员没有汇签，不清楚专业井道的位置，造成强电竖井与管道井相邻未做防水处理，甚至出现水管穿越强、弱电井。

3、防治措施

（1）智能化系统竖井宜与电气竖井分别设置。

（2）在设计阶段，就应考虑竖井的大小，应留有设备安装位置和操作空间；在图纸会审时，必须认真考虑设备的安装位置，配电箱的开启方式、方向和箱前的操作距离，以保证安装安全和使用、维护方便。

（3）强电、弱电同一竖井，竖井的面积要求大一些，强电与弱电线路间距应大于300mm，应把强电与弱电线路分别敷设在竖井的两侧，或采取隔离、屏蔽等防护措施。

（4）无关的管道不能通过强电井，如相邻是管道井应做好防水处理，应保证电气竖井内干燥，保护好电气线路、设备和元器件。

九、管内敷线质量常见问题

1、现象

（1）三相或单相的交流单芯电缆单独穿于钢导管内。

（2）同一交流回路的电线、电缆穿于不同金属导管内，不同电压等级的电线穿于同一导管内，导管内电线有接头。

（3）导管内电线的总截面积大于导管截面积的40%。

（4）电线、电缆导管管内进灰、积水。

（5）爆炸危险环境照明线路使用额定电压低于750V的电线、电缆，把电线穿于PVC导管内。参见图3-19。

图3-19 管内敷线不规范

2、危害及原因分析

（1）危害

1）三相或单相的交流单芯电缆单独穿于钢导管内，会形成闭合铁磁回路，出现涡流损耗。同时线路发热使绝缘层加速老化，危及使用安全。

2）同一交流回路的电线、电缆穿于不同金属导管内，因其电流矢量和不为零，会产生涡流损耗；不同电压等级的电线穿于同一导管内，可能造成互相干扰，给运行、检修造成难以识别和无法维护等困难。

导管内有接头，不但影响线路的绝缘强度，而且排查故障、更换电线困难，不便于线路维护。

3）导管内的电线总截面积大，将使穿（拉）线困难，导线散热效果差，降低载流量。

4）电线、电缆导管内进灰、积水，管内有凝露，加速钢管内壁锈蚀，或有异物进入，不能防止小动物等的侵入。

5）爆炸危险场所所使用的电线、电缆的额定电压偏低，可能影响线路的绝缘强度和电线、电缆的使用寿命，安全度下降；使用 PVC 导管，不符合设计和规范的要求。

（2）原因分析

1）施工人员不熟悉规范要求和电工理论。

2）未考虑涡流损耗和互相干扰的问题。

3）设计上所选用的导管规格、型号偏小；施工时未按设计要求选用，使规格偏小。

4）电线、电缆敷设完未及时把管口封堵好。

5）未按设计和规范要求选用电缆和导管。

3、防治措施

（1）三相或单相的交流单芯电缆采用钢导管保护时，应穿于同一钢导管内。

（2）同一交流回路的电线、电缆应穿于同一金属导管内；不同电压等级的电线不应穿于同一导管内。

导管内不应有接头，应把电线接头放在接线盒、箱内；把不符合要求的导线更换至符合要求。

（3）发现设计上选用的导管规格偏小，应及时反馈给设计院，先由设计人员核对并变更设计，再施工。

导管内的电线、电缆总截面积超出导管截面积的 40%时，应更换较大的线管，或按回路分管敷设。

（4）穿完电线、电缆后，管口应及时做好封堵。

（5）爆炸危险环境照明线路，电线、电缆的额定电压应符合规范规定，大于或等于750V，并应使用钢导管。

十、电缆头制作工艺差

1、现象

（1）热缩电缆终端头、中间头及其附件的电压等级与原电缆额定电压不相符，热缩管出现气泡、开裂、烧糊现象；电缆干包头未包出干包橄榄头，芯线绝缘层破损。

（2）电缆的连接金具规格与芯线不适配，使用开口的端子，多股导线剪芯，焊接端子时焊料不饱满，接头不牢固，接线处缺平垫圈和防松垫圈，端子压接不牢。

（3）电缆头屏蔽护套、铠装电力电缆的金属护层未接地。

2、危害及原因分析

（1）危害

1）电缆头的绝缘包扎制作工艺不符合要求，可能造成芯线受潮，线路的绝缘电阻达不到要求，导致电缆保护层失去保护功能。

2）电缆的连接金具不配套，多股导线剪芯，造成连接导线的截面积不够，焊接端子未处理好，缺防松垫圈等，会使电缆连接不可靠，导致连接处接触电阻增大，运行时因过热引发电气故障，影响正常用电，严重时会烧毁电缆头和与之相连的电气设备。

3）电缆头屏蔽护套未接地，未能达到屏蔽要求；铠装电力电缆的金属护层未接地，起不到接地保护作用，存在安全隐患。

（2）原因分析

1）采购热缩电缆头、热缩中间头及其附件时，未曾核实电压等级，热缩管加热收缩时操作技术掌握不好，局部过热，出现气泡、开裂、烧糊；工艺上达不到要求。

操作人员不熟悉操作方法，剥除绝缘层不准确，电缆头未包扎或缺少材料，绝缘带和绝缘胶布包扎不到位，电缆干包头包扎不规范。

2）定购电缆的连接金具与电缆的芯线规格不配套，购买开口的端子。多股芯线剪芯往往是由于接线端子小或设备自带插接式端子小，芯线无法插入，剪去多股导线的部分芯线来适配连接端子。操作人员不熟练或未严格按工艺要求施工，焊接头时焊料不饱满，接头不牢固。

操作人员未按工艺程序认真操作，工作马虎，粗心大意，未使用配套的端子和附件，接线端子连接处缺平垫圈和防松垫圈，接线端子未压接牢固。

3）操作人员不清楚电缆屏蔽护套、铠装电力电缆金属护层的作用和要求，无接地或漏做接地。

3、防治措施

（1）采购热缩电缆头、热缩中间头及其附件时，必须与原电缆额定电压相符，有关资料齐全才允许采购和使用，产品的规格应符合设计要求，并应严格进行材料进场的联合验收。

电缆热缩管件在加热收缩的操作时，应注意温度控制在 110～120℃ 之间；在套入绝缘热缩管后，应从一端开始均匀加热，火焰缓慢接近被加热材料，逐渐向另一端移动，在其周围不停移动，确保收缩均匀，既要保证收缩紧密又要防止烧糊保护层；去除火焰烟碳沉积物，使层间界面接触良好；收缩完的部位光滑无皱褶，其内部结构轮廓清晰，而且密封部位有少量胶挤出，表明密封完美。

对干包式电缆头，因剥除原保护层，应重新包扎好端子和干包头，并保证线芯绝缘强度满足要求，电缆头根部一定要包扎到位，干包头应下够料，包出干包橄榄头形状。

（2）必须加强操作人员的熟练程度和工作责任心。

剥除电缆外护层时应先调直，测好接头长度，再剥除外护套及铠装，剥除内护层及填充物、屏蔽层，再逐层进行切割剥除，不得损伤芯线及相邻护层。

（3）应采用配套的接线端子，及时剔除并更换不配套的产品。

（4）焊接头时焊料饱满，接头牢固。提高操作人员技术水平，严格按工艺标准施工。

（5）电缆的屏蔽护套应可靠接地，铠装电力电缆头的接地线应与接地干线（接地母排）可靠地连接。

十一、电缆敷设不规范

1、现象

（1）电缆通道不畅，堆放杂物，积水。

（2）用单芯电缆或以导线、电缆金属护套作中性线。

（3）电缆各支持点间的距离过长。

（4）电缆最小弯曲半径超过规范的规定。

（5）桥（梯）架上多根电缆排列不整，互相交叉挤压，固定不牢固。

（6）不挂标志牌或标志内容不全，字迹不清晰。

（7）电缆金属护套不作接地连接。

2、防治措施

（1）电缆通道应经常整理清扫，保持畅通。

（2）三相四线制系统应使用四芯电缆，不得使用三芯电缆加一根单芯电缆或导线、电缆金属护套作中性线。

（3）电缆各支持点间的距离按表 3-5 设置。

表 3-5　电缆各支持点间的距离

电缆种类	支持点间的距离/mm→ 水平敷设	支持点间的距离/mm→ 垂直敷设	备注
电力电缆→全塑型	400	1000	
电力电缆→除全塑型外 的中低压电缆	800	1500	
电力电缆→35kV 及以上 高压电缆	1500	2000	
控制电缆	800	1000	

注：全塑型电力电缆水平敷设沿桥架固定时，支持点间的距离允许为 800mm。

（4）电缆最小弯曲半径按上表进行施工。

（5）桥（梯）架上的电缆应排列整齐，不宜交叉，不应挤压，在下述地方应将电缆加以固定：

1）垂直或超过 45° 倾斜敷设的电缆每个支架均固定；桥架上每隔 2m 处。

2）水平敷设电缆，在电缆首末两端及转角、电缆接头两端处；当对电缆间距有要求时，每隔 5～10m 处。

（6）敷设电缆应及时装设标志牌，标志牌的装设应符合下述要求：

1）在电缆终端头、电缆接头、拐弯处、夹层内、隧道及竖井两端、人井内等地方，电缆上应设置标志牌。

2）标志牌上应注明线路编号，无编号应写明电缆型号、规格及起迄地点；标志牌字迹应清晰，不易脱落。

3）标志牌宜统一，应防腐，挂装应牢固。

十二、电缆保护接地线缺陷及防治措施

1、现象

电缆托盘、金属线槽、插接式母线槽通过螺栓连接或电焊把金属壳体作为保护接地线，其接地电阻达不到要求，同时电焊破坏了保护层（镀层或漆层），使其防腐蚀性能降低。

2、原因分析

认为电缆托盘、金属线槽和插接式母线槽的外壳本身就是导体，只需使其连通，即可替代保护接地线。但实际上电缆托盘、金属线槽、插接式母线槽各段之间的螺栓连接是不可靠的，其阻值往往达不到要求。且托盘和线槽的壳体只能作承载用，母线槽的外壳仅作保护用。

3、防治措施

沿电缆托盘、金属线槽、插接式母线槽通长设置镀锌扁钢、镀锌圆钢或扁铜保护接地带。如图 3-20 所示为电缆托盘（或金属线槽）保护接地的作法之一。

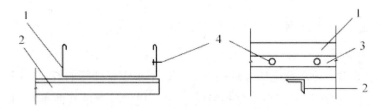

图 3-20　电缆托盘（金属线槽）保护接地作法

1—托盘；2—支架；3—接地干线；4—镀锌螺栓

4、治理方法

（1）增设保护接地线。

（2）电缆托盘、金属线槽和插接式母线槽的外壳分别用编织铜带与保护接地干线作好电气连接。

（3）五芯式插接式母线槽的保护芯线在始端与保护接地线作好电气连接。

十三、线管弯制加工不规范

1、现象

（1）明敷设线管的弯曲半径小于 6D（D 为管外径），埋于地下或混凝土楼板内时，弯曲半径小于 10D。

（2）线管的弯扁度超过管外径的 10%，弯曲部位有折皱、凹陷、扁、裂现象。

2、危害及原因分析

（1）危害

1）电线管的弯曲半径太小，将造成穿线困难，会使镀锌线管的镀锌层受到破坏。

2）线管的弯扁度大，线管变形，导致弯曲处管内截面积变小，使穿线困难；弯曲部位有折皱、凹陷，会使镀锌线管的镀层受到破坏，影响镀锌线管的寿命；线管有扁、裂现象，一方面影响穿线，另一方面易进水，加快金属线管的腐蚀、降低金属线管的使用寿命，破坏导线的绝缘强度。

（2）原因分析

1）导管煨弯时，未根据导管的大小选用合适弯管器，如管径在 DN25 及其以上的线管应使用液压弯管器；使用手板弯管器操作时用力过猛，不仔细、不认真，造成电线管的弯曲半径太小。

2）使用液压弯管器时，未能根据管线需弯成的弧度选择相应的模具，弯管前线管放入模具内时，线管的起弯点未对准弯管器的起弯点，弯管时管外径与弯管模具不紧贴，出现弯瘪现象。

3）硬塑料电线管弯制时未使用配套的弯管弹簧，或弹簧已严重松散、变形。

3、防治措施

（1）导管敷设时，应注意电线导管的弯曲半径不小于管外径的 6 倍，埋设于地下或混凝土楼板内时，其弯曲半径不应小于管外径的 10 倍。电缆导管的弯曲半径不应小于电缆最小允许弯曲半径。

在煨弯时必须使用专用的弯管器，用力应均匀，对不符合要求的导管应重新进行敷设。

（2）在管路敷设前，应预先根据图纸将线管弯出所需的弧度。钢管以冷弯法弯制，例如管径在 DN25 及其以上的线管应使用液压弯管器，根据管线需弯成的弧度，选择相应的模具，将管子放在模具内，使管子的起弯点对准弯管器的起弯点，然后拧紧夹具，使导管外径与弯管模具紧贴，以免出现凹、扁现象，弯出所需的弧度。

管径小于 DN25 的导管，可以使用手扳弯管器弯制。手扳弯管器的大小应根据管径的大小选择，比管径大或小的弯管器都是不可取的。弯管时把弯管器套在导管需要弯曲的部位，用脚踩住导管，扳动弯管器的手柄，稍用力，使导管从该点处弯曲，然后逐点后移弯管器，并重复前述的各个环节，直至弯出所需的弧度。在弯管过程中，用力不能太猛，各点的用力尽量均匀一致，且移动弯管器的距离不能太大，这样才能使弯出的管弯流畅，不出现弯扁度超出规范要求的情况。

煨弯时还要注意导管弯曲方向与钢管焊缝间的关系，一般焊缝应放在导管弯曲方向的正、侧面交角的 45°线上。

（3）PVC 管的弯曲工艺也采用冷弯法，应采用配套的专用弯管器、弯管弹簧等，敷设管路时，应尽量减少弯曲，严禁死弯或小于 90°的 U 形弯。

（4）管路弯曲时应注意，弯扁度应不大于管外径的 10%，弯曲处不可出现折皱、凹陷和裂缝现象。

十四、阻燃冷弯管加工缺陷及修补方法

PVC-U 型阻燃冷弯硬塑料管，也称作 PVC-U 型阻燃冷弯管，简称阻燃冷弯管。这种管子弯曲方便，不像以前使用的厚壁硬塑料管，需用火加热才能弯曲。阻燃冷弯管子随时都可弯制，一般不需加热，所以称做冷弯管。

虽然这种管既可冷弯敷设，又能用专用弯头来连接；但是，大多数施工单位在暗敷这

种管时，为了节省支出，不使用弯头，而是自行冷弯。有时为了赶进度，在弯制时就会出现一些问题，如开裂、拉薄、穿孔、弯处内空截面缩小等。然而这种带有加工缺陷的管子往往照常敷设（明敷这种管时，有时也会出现类似此种现象）。有的电工怕以后不好穿线，在暗敷管前已将导线先穿入，这种做法不可行。

弯管开裂、穿孔、拉薄和内空截面缩小都会影响未来线路的安全，当管内空截面减少1/5时，不但穿线难，即使勉强穿入众多根绝缘导线，也会影响线路的安全运行。

因此对开裂、拉薄、穿孔等加工缺陷必须予以修补。图 3-21 是弯管时容易出现问题处的示意图，图中管子背部是易开裂、拉薄，穿孔变形处。

管子出现开裂（顺向开裂或横向开裂）的修补方法是取同一种比开裂四边约大 4～5mm的管材，在内四边涂上适量的 PVC-U 型专用接口胶，找好中心点，将其与管子两者粘结为一体。管子开裂必须修补，否则暗敷后会进入水泥砂浆而无法穿线。在弯管时，因一侧受力的拉伸，即用力使管伸延，这就难免会在背部出现局部的受拉变薄现象（也有的局部成薄片状）（见图 3-22）。

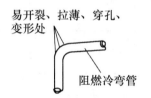

图 3-21　弯管时容易出现问题处的示意图　　图 3-22　塑料管弯处的背部变薄剖面示意图

弯薄的塑料管暗敷在钢筋水泥的楼板、梁、柱或剪力墙内时，会被钢筋、绑线、石子等尖硬物捅破或被振动棒撞坏，如果管壁薄处被捅破进入水泥砂浆等杂物，就无法穿线了。

弯管变薄与否可用手的大拇指按压一下管子的背部，如觉得与未弯前差别不大，那就可敷设了，如有压塌的感觉，就必须进行修补，其修补方法如图 3-23 所示。

图 3-23　在塑料管弯处背部修补粘接图

弯管也会出现在弯处被物刺穿穿孔的个别事例，虽说这小小的孔似乎不影响暗敷，但为了防止线路在运行中从该孔进水，必须妥善堵孔，否则将影响线路安全运行。堵孔时，若孔径在 2mm 左右，可用 PVC-U 型专用接口胶，滴上一两滴即可；若孔较大，用比孔略大的（比它厚的也行）塑料，将其按在孔上，但不要突进管子内壁，然后滴上几滴 PVC-U型专用接口胶（也可滴几滴 502 胶）即可，也可在孔处的管上，转圈紧缠上两层或几层（视孔大小而定）自粘式塑料绝缘带。弯管后应检查一次，无问题再敷设；有问题但可修补的，修补好后仍可暗敷。按以上所说的方法去修补暗敷阻燃冷弯塑料管，既可节省材料，又不影响工程质量。

十五、托盘、桥架安装质量常见问题

1、现象

（1）不平直、不垂直，观感质量差。

（2）不做接地跨接或跨接不符合规范要求。

（3）垂直弯、水平弯制作不规范，不能满足电缆最小弯曲半径的要求。

2、防治措施

（1）安装桥架、线槽托架应放线施工，确保横平竖直，固定安装牢固。

（2）桥架的接地跨接：镀锌桥架可不设跨接线，但要确保固定轴栓两侧各有不少于一颗使用平垫片和弹簧垫片；油漆桥架应用多股编织铜线压接线耳做接地跨接，接触处应将油漆清除干净。

（3）参照表 3-6 制作垂直弯和水平弯。

表 3-6　电缆最小弯曲半径

电缆型式	最小弯曲半径	最小弯曲半径→多芯	最小弯曲半径→单芯
控制电缆		10D	
控制电缆→橡皮绝缘电力电缆→无铅包、钢铠护套	10D		
控制电缆→橡皮绝缘电力电缆→裸铅包护套	15D		
控制电缆→橡皮绝缘电力电缆→钢铠护套	20D		
聚氯乙烯绝缘电力电缆	10D		
交联聚乙烯绝缘电力电缆		15D	20D
油浸纸绝缘电力电缆→铅包	30D		
油浸纸绝缘电力电缆→铅包、有铠装		15D	20D
油浸纸绝缘电力电缆→铅包、无铠装		20D	
自容式充油（铅包）电缆			20D

注：D 为电缆外径。

十六、封闭母线、插接式母线不规范

1、现象

（1）封闭母线、插接式母线无合格证，产品无铭牌或铭牌的内容不全。

（2）开箱检查时发现箱内零部件和附件不齐全或损坏。

（3）三相五线制插接母线的插接箱无接地端子。

2、危害及原因分析

（1）危害

1）产品无铭牌或不齐全，产品无合格证，无分段标志，可能为假冒、劣质产品。

2）箱内零部件和附件不齐全或损坏，造成安装困难，有些关键零部件缺少，将无法安装。

3）三相五线制插接母线的插接箱无接地端子，接地线在箱体上连接，接地支线存在串接现象，接地不可靠。

（2）原因分析

1）产品无铭牌、无合格证，产生的原因是未进行材料、设备的进场验收，未按规范规定和产品标准进行进场验收。

2）箱内零部件和附件不齐全或损坏，产生的原因是未按施工图定货，定货时未提出技术要求，进货时未认真进行设备进场验收；零部件和附件遗漏、损坏，可能是运输中磕碰造成。

3）定货时未提出技术要求，或生产厂家未按照三相五线制要求设置接地端子。安装时未在接地干线上接出接地线，而直接在箱体上连接，出现接地线串接现象。

3、防治措施

（1）按施工图定货，选用优质产品。产品的供货渠道直接，产品的铭牌清晰、齐全。

加强设备的进场验收工作，并应有设备进场的检验记录和相关责任人签证。封闭母线、插接式母线插接箱（柜）及附件等，型号、规格应符合设计要求，安装技术文件应齐全，技术文件包括主要技术数据和有关的试验、检验证明，有符合国家现行技术标准的产品出厂合格证书。

如果货不对版，应退货；应使用符合设计要求的、合格的产品。

（2）加强开箱检查工作，箱内的零部件应齐全，质量符合要求。附件如螺栓、螺母、垫圈等金属材料及五金件，都应经过镀锌处理，且镀锌层覆盖完整、无起皮和麻面等。

应对磕碰、损坏的部件进行调换，并应加强运输、保管过程中的成品保护。

（3）三相五线制插接母线的插接箱应有符合要求的接地端子。

（4）接地支线必须直接从干线上引出，接地支线不能出现串接现象。

十七、插接式母线插接箱箱体略小

1、现象

（1）插接箱太小，电缆头无法放在箱内。

（2）插接箱分别开孔出线。

（3）插接箱的安装高度不符合要求。

2、危害及原因分析

（1）危害

1）插接箱太小造成出线接线困难。

2）电缆在插接箱出线处分别开孔出线，在金属箱处将形成涡流损耗。

3）插接箱的箱底距离地面高低不齐，太高或太低，将使操作不方便，影响美观。

（2）原因分析

1）插接箱太小，电缆头无法放在箱内，产生的原因是定货时未提出技术要求，厂家未按技术要求或设计图纸进行生产。

2）进货时未认真进行设备进场验收。

3）插接箱的安装高度未按设计要求定位，对插接箱位置的测量、计算、安装不认真、不准确。

3、防治措施

（1）定货时就应提出技术要求，插接箱应有一定的体积，能安装开关和电缆头等；箱内应有接地端子，保护接地线与接地干线的引出线直接连接。

（2）设备进场时应认真进行设备进场联合验收。

（3）在插接箱的出线处，不能将各相相线分别开孔出线，避免出现涡流损耗，否则应重新安装。

（4）插接箱的安装高度应一致，符合设计要求，以方便操作和维修。

十八、封闭、插接式母线搭接处未处理好

1、现象

（1）母线的连接处接触不良，发热。

（2）母线的连接处松动。

2、危害及原因分析

（1）危害

1）母线接头处搭接不紧密，搭接截面积小，使母线的接触电阻增大，会使线路的温度增高，降低载流量。

2）母线的连接处松动，同样会使母线的接触电阻增大，线路温度增高。

（2）原因分析

1）封闭母线搭接面未按标准进行处理、接头不清洁，不涂电力复合脂；将造成搭接处接触不紧密，搭接截面积小。

2）力矩扳手拧紧钢制连接螺栓的力矩值太小，母线的连接处未拧紧固。

3、防治措施

（1）螺栓连接时应根据不同的材料对其接触面进行处理。当铝母线与铜设备端子连接时，必须用铜铝过渡板，以减弱接头电化腐蚀和热弹性变质。但安装时过渡板的焊缝应距设备端子3～5mm，以免产生过渡腐蚀。母线采用螺栓连接时，母线的连接部分的接触面应涂一层中性凡士林油，连接处须加以弹簧垫和加厚平垫片。

室外、高温且潮湿的室内，铜母线与铜母线搭接时，搭接面应搪锡处理。

（2）力矩扳手拧紧钢制连接螺栓的力矩值，应与母线的要求相适配。如表3-7所示。

表3-7　母线搭接螺栓的拧紧力矩

序号	螺栓规格	力矩值（N·m）
1	M8	8.8～10.8
2	M10	17.7～22.6
3	M12	31.4～39.2
4	M14	51.0～60.8
5	M16	78.5～98.1
6	M18	98.0～127.4
7	M20	156.9～196.2
8	M24	274.6～343.2

（3）加强施工人员的技术培训、增强责任心，严格检查，对质量不合格的接头应重新加工。

十九、母线的支、吊架接地不可靠

1、现象

（1）母线的支、吊架未接地或接地连接处松动。

（2）把母线支、吊架作为接地的接续导体。

2、危害及原因分析

（1）危害

母线的支、吊架接地不可靠，或把支、吊架作为接地的接续导体，一旦事故发生，接地保护系统不起作用，存在安全隐患。

（2）原因分析

1）未进行图纸会审和技术交底。

2）认为母线的外壳都是金属物，母线安装时把母线放在支、吊架上，与母线外壳已有接地连接。

3）为了施工方便，未考虑接地支线出现串联连接，把母线支、吊架作为接地的接续导体。

3、防治措施

（1）母线的支、吊架等可接近裸露导体应直接与接地干线相连接，并应进行全面检查，将未接地处及时可靠接地；母线的支、吊架固定牢固，才能保证母线的正常运行，对母线的支、吊架接地连接处，应进行全面检查，发现松动及时纠正；接地连接处尽量使用焊接，如果使用螺栓连接，应有防松措施。

（2）母线的支、吊架应可靠接地，但不能把支、吊架作为接地线的接线导体。接地支线应直接与接地干线相连接，不能出现串接现象。

二十、母线在变形缝处质量常见问题

1、现象

（1）母线直线段过长无补偿措施，在变形缝处无补偿措施。

（2）母线通过变形缝时处理不当，拼装接头位置在楼板、墙洞处。

（3）母线穿越楼板和防火分区处防火封堵不符合要求。

2、危害及原因分析

（1）危害

1）母线的长度太长或在变形缝处无补偿措施，造成母线变形，影响母线的正常进行。

2）母线通过变形缝时处理不当，使拼装接头处于楼板或墙洞处，造成施工与维护困难及防火密封封堵困难。

3）母线穿越楼板和防火分区时未做防火封堵，或虽然已做防火封堵但不符合消防要求，存在安全隐患。

（2）原因分析

1）母线直线段过长无补偿措施，在变形缝处也无补偿措施，产生原因是设计单位和施工单位忽略了母线垂直和水平安装（长度较长）时的热胀冷缩问题，在变形缝处的伸缩、沉降问题。

2）母线经过变形缝时处理不当。造成原因是设计上考虑不周或施工单位测量不准确。

3）母线穿越防火墙、楼板，未采用防火材料进行防火封堵；封堵材料和工艺不符合要求。

3、防治措施

（1）由设计单位确定垂直或水平敷设的母线、膨胀节；施工单位认真按设计要求敷设膨胀节等补偿装置。

（2）在建筑物变形缝处，应采用膨胀节等补偿装置。保护接地（PE）线的做法，可采用编织铜线或多股铜导线作保护接地（PE）线，两端分别固定在两侧的接地干线上，同时还应注意，保护接地（PE）线的截面积应符合设计及规范规定。

（3）在母线的定货时，应根据施工图纸或实际测量的尺寸来确定母线段的长度，应避免出现母线的拼装接头处在穿越楼板或墙洞处。

由于某种原因，造成拼装接头在楼板或墙洞处，应更换、调整一些母线段，重新进行安装，将拼装接头移出楼板和墙洞处。

（4）根据设计要求、规范规定，在母线穿越防火墙、楼板，使用符合要求的防火堵料进行封堵，达到防火要求。

二十一、金属线槽敷设后变形

1、现象

（1）金属线槽的板材厚度太薄，金属线槽变形。

（2）金属线槽的支、吊架（固定点）间距大；金属线槽扭曲、挠度偏大。

（3）金属线槽的紧固螺母安装在线槽的内侧。

（4）线槽过变形缝处无补偿措施。

2、危害及原因分析

（1）危害

1）线槽应有一定的厚度，如果壁厚不够，难以保证金属线槽有足够的机械强度，线槽容易变形，影响线槽内所敷设导线的绝缘与安全性。

2）金属线槽的支、吊架（固定点）间距大，线槽容易变形。线槽的支、吊架未调整好，受力不均匀，也会使线槽扭曲、变形。

3）线槽的紧固螺母安装在线槽的内侧，露出的螺栓容易割伤导线。

4）变形缝处无补偿措施，易造成线槽变形、拉断。

（2）原因分析

1）金属线槽尚无统一的国家或行业标准，一般可参照槽式电缆桥架（无孔托盘）的技术标准要求。金属线槽厚度不够，往往是因为对此标准不熟悉或贪图降低成本所致。

2）施工人员为了减少支、吊架，节省材料和工时。一般制造商生产的金属线槽标准长度为 2m，若安装支、吊架间距大于 2m 将使部分线槽段无支、吊架，导致线槽连接处受力，造成机械破坏。

3）施工人员操作不仔细，或是技术交底不清楚造成；操作人员自认为美观而把螺栓的平头安装在线槽的外侧。

4）未认真审阅图纸，不清楚工程有变形缝，不知道变形缝处需增加补偿装置。

3、防治措施

（1）线槽的厚度要求等于或大于 1.0mm，以保证线槽有一定的强度；线槽的尺寸越大，对厚度要求越厚，如表 3-8 所示。

表 3-8　钢制托盘、桥架允许最小板厚（单位：mm）

托盘、桥架宽度 B	允许最小板厚
$B<100$	1
$100\leqslant B<150$	1.2
$150\leqslant B<400$	1.5
$400\leqslant B<800$	2
$800\leqslant B$	2.5

注：1. 连接板的厚度至少按托盘、桥架同等板厚选用，也可以选厚一个等级。

2. 盖板的板厚可以按托盘、梯架的厚度选低一个等级。

对厚度不满足要求的线槽，都必须更换为合格的产品。

（2）加强质量管理，有详细的技术交底；严格要求施工人员，应在放线定位后，做出标记再施工，使线槽的固定点间距满足要求，使线槽紧固牢靠、不变形，对支、吊架间距不等或有问题的重新进行调整，直至符合规范要求。

（3）金属线槽的支、吊架固定点间距宜为 1.5～2m，并结合厂家提供的产品特性数据选用。在进出接线盒、箱、柜及转角、转弯、变形缝两端、丁字接头三端处，在 500mm 以内应设置固定点。

（4）安装支、吊架时应注意：调顺直吊架或支架，再分段将线槽放在吊架或支架上；调整直线段支、吊架端正，再调整接口和拐弯处的固定架。调整后支、吊架的受力点受力应均匀，固定牢固、平整美观，无扭曲、变形等现象。

线槽敷设应横平竖直，线槽进行交叉转弯、丁字连接或变径时，应采用配套专用单通、弯通、三通、四通或变径等进行变通连接。

线槽与箱、盘、柜等分支连接，应采用配套专用定型产品，进行固定连接。

（5）严格管理，加强施工人员的责任心，对缺螺栓的应补齐，螺母应在线槽外侧，以防止割线；同时要注意：安全问题应放在第一位，实用第二位，美观是第三位的，不能为了美观而忽略安全问题。

（6）在变形缝处，线槽本身应断开，槽内用内连接板搭接，一端可自由活动，但此处应跨接接地。缺补偿装置的地方应加补偿装置。

二十二、电缆敷设后损伤

1、现象

电缆敷设出现绞拧、铠装压扁、护层断裂和表面严重划伤。

2、危害及原因分析

（1）危害电缆的敷设如果出现绞拧、铠装压扁、护层断裂和表面严重划伤，可能损伤电缆的芯线，使电缆局部发热，载流量下降；可能破坏电缆的绝缘层，造成电缆的绝缘强度达不到要求。

（2）原因分析

1）电缆出厂质量控制不严格，运输、库存等环节出错，敷设前电缆已出现损伤。

2）电缆的敷设未按工序施工，敷设时对线路走向不清楚，在转角敷设时没有及时调整、理顺电缆。

3）电缆敷设时与其他专业交叉作业，土建或其他专业施工时也会损伤电缆。

4）采用的机夹具不配套。

5）施工过程对电缆未做好保护。

3、防治措施

（1）电缆敷设前应认真检查，电缆产品不应出现包装破裂、外皮损伤等缺陷。

（2）电缆的敷设应按工序施工，对线路走向清楚，应先有电缆桥架、电缆支架等，敷设电缆时应做好保护，边敷设边整理，敷设一根即固定一根，采用配套的专用电缆卡固定。

（3）用机械敷设电缆时的最大牵引强度宜符合表3-9的规定，电缆应理顺后再牵引。

（4）与其他专业同时施工时，应协调好，减少互相影响。

（5）加强质量检查验收，敷设时注意保护电缆不应受到损伤，如出现不符合要求的电缆应及时更换，使其符合设计和规范要求。

表 3-9　电缆最大牵引强度（N/mm²）

牵引方式	牵引头		钢丝网套		
受力部位	铜芯	铝芯	铅套	铝套	塑料护套
允许牵引强度	70	40	10	40	7

二十三、PVC 塑料线槽质量差

1、现象

（1）PVC 线槽及配套使用的开关盒、灯头盒、插座盒、接线盒等材料，现场检查时发现延燃且有浓烟。

（2）PVC 线槽的厚度不够，PVC 线槽配件不齐。

（3）线槽安装不牢，连接处缝隙大，盖板脱落。

2、危害及原因分析

（1）危害

1）线槽及配套使用的附件，现场检查时发现延燃且有浓烟，不符合阻燃的防火等级，且有毒性。

2）PVC线槽的厚度不够，不能保证其强度和硬度，容易变形；PVC线槽配件不齐，难以保证线槽安装质量，外观较差。

3）线槽安装不牢，如底板松动，连接处缝隙大，盖板脱落等，线槽不能承载所设计的导线。

（2）原因分析

1）PVC材料延燃且有浓烟，PVC材料的氧指数指标达不到要求，使假冒伪劣产品混入施工现场。

2）PVC线槽的厚度不够，PVC线槽配件不齐；施工人员采购不合格产品；进场未检查验收；不熟悉产品标准、工艺标准或施工管理不善造成的。

3）线槽本身质量有问题，胀管固定不牢，螺丝未拧紧，造成底板松动；操作人员施工粗糙造成盖板接口不严、缝隙过大；线槽在墙体阴角、阳角施工时未采用专用配套的产品，导致线槽连接处、转角处接缝缝隙大，影响线槽的安装质量，同时外观较差，影响美观。

3、防治措施

（1）阻燃型PVC线槽及其附件，如槽底、槽盖、各种盒、各种三通等配件，应是由难燃型硬聚氯乙烯工程塑料挤压成型，严禁使用非难燃型塑料加工。

选用阻燃型PVC线槽时，应根据设计要求选择合适的规格、型号及配套使用的附件，要求生产厂家提供氧指数指标合格测试报告，提供出厂合格证等材质证明文件；仍有异议，送有资质的试验室检验。绝缘导管及配件不破裂、表面有阻燃标记和制造厂标。

配套使用的开关盒、灯头盒、插座盒、接线盒等材质应与线槽的材质相同，外观整齐、色泽一致、敲落孔齐全、无劈裂等损伤，同样要求有材质证明文件、产品出厂合格证、检验报告等。

应加强材料的进场验收工作，不合格产品不允许进入施工现场，坚决清退假冒伪劣的不合格线槽、附件和配件。

（2）PVC线槽的厚度应达要求，才能保证线槽的硬度、强度，不易变形。

（3）胀管、螺丝固定不牢的必须重新紧固。槽体固定点最大间距尺寸见表3-10。

表3-10 线槽槽体固定点最大间距尺寸（mm）

底板直段	盖板直段	底板距终端	盖板距终端
500	300	50	30

（4）严格加强管理，施工人员应有责任心，工作认真、细致，应将不符合要求的接口重新进行整改，保证线槽的盖板接口严密。

（5）线槽在墙体阴角、阳角接口处应采用专用的配套附件，接口处对齐后再固定牢固。

二十四、硬塑料管、聚乙烯软线管敷设质量常见问题

1、现象

（1）接口不严密，有漏、渗水情况。煨弯处出现扁裂，管口入箱，盒长度不齐。

（2）在楼板及地坪内无垫层敷设时，普遍有裂缝。

（3）大模板现浇筑混凝十板墙内配管时，盒子内管口脱掉，造成剔凿混凝土墙找管口的后果。

（4）塑料线管敷设错误地采用铁皮接线盒。

2、防治措施

（1）混凝土墙板内敷设时，管路中间不准有接头；凡穿过盒子敷设的管路，能先不断开的则不断，待拆模后修盒子时再断开，保证浇筑混凝土时管口不从盒子内脱掉。

（2）若聚乙烯软线管必须接头时，一定要用大一号的管（长度6cm）做套管。接管时口要对齐，套管各边套进3cm。硬塑料管接头时，可将一头加热胀出承插口，将另一管口直接插入承插口，在接口处涂抹塑料胶粘剂，则防水效果更好。

（3）硬塑料管和聚乙烯软线管必须配用塑料接线盒。

（4）硬塑料管煨弯时，可根据塑料管的可塑性，在需煨弯处局部加热，即可以手工操作煨成所需度数成形。较小的管径可用一只1000W电炉子，加热一盘砂子，将管埋入砂中，掌握火候操作。较大规格的塑料管煨弯时，可采用甘油加热法，用薄钢板自制一个槽形锅或用40cm大铝锅，将甘油锅置于2000W电炉上，加热至100℃左右，另用小勺舀甘油浇烫硬塑料管需煨弯的部位，待塑料管加热至可塑状态时，放在一个平面工作台上煨弯。这样煨出的弯不裂、不断，并保持了塑料管的表面光泽。硬塑料管煨弯，还可用自制电气烤箱加热进行。

二十五、线槽配线、电缆桥架安装质量常见问题

1、金属线槽配线

（1）支架或吊架固定不牢。用膨胀螺栓固定支、吊架时，钻孔尺寸偏差大或膨胀螺栓未拧紧，应及时修复。

（2）金属线槽在穿过建筑物变形缝处未做处理。应重新断开底板，导线和保护线应留有补偿余量。

（3）线槽内导线放置混乱，应将导线重新理顺平直，并绑扎成束。

（4）导线连接，线芯受损作，缠绕圈数或倍数不符规定，挂钩不饱满，绝缘包扎不严密。应按管内穿线和导线连接中的有关内容重新进行连接。

2、地面内暗装金属线槽配线

（1）地面内暗装金属线槽、出线口、分线盒口露出地面过大或凹进地面面层，在配合土建施工时应加强看护。

（2）导线连接时损伤线芯，缠绕圈数或倍数不符规定，铜导线挂钩不饱满，绝缘包扎不严密，应按管内穿线和导线连接中有关内容重新进行连接。

3、塑料线槽配线

（1）线槽内有灰尘。配线前应将线槽内灰尘清理干净。

（2）线槽底板松动和翘边、翘角现象。应把固定线槽的螺钉紧固，螺钉或其他紧固件端部应与线槽内表面光滑连接。

（3）线槽接口不严，缝隙过大并有错台。操作时应仔细把线槽接口对好，使槽盖平整、无翘角。

（4）线槽内导线分色和导线截面及根数超出线槽的允许规定。应按规范进行导线分色；导线截面和根数应符合设计要求。

（5）在不易拆卸盖板的线槽内导线有接头。施工时不应马虎，导线的接头应置于线槽的接线盒或器具盒内。

4、电缆桥架安装

（1）电缆排列沿桥架敷设电缆时，应防止电缆排列混乱，不整齐，交叉严重。在电缆敷设前须将电缆事先排列好，划出排列图表，按图表进行施工。电缆敷设时，应敷设一根、整理一根、卡固一根。

（2）电缆弯曲半径不符合要求。在电缆桥架施工时，应事先考虑好电缆路径，满足桥架上敷设的最大截面电缆的弯曲半径的要求，并考虑好电缆的排列位置。

二十六、线槽内敷设导线凌乱

1、现象

（1）线槽内导线有接头，线槽内的导线放置杂乱。

（2）线槽内导线未固定好。

（3）线槽内导线敷设太多，盖不上盖板。

（4）强电和弱电的导线或同一电源不同回路有抗干扰要求的导线，敷设在同一线槽内。

参见图 3-24、图 3-25。

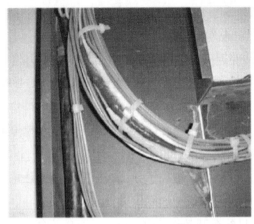

图 3-24　线路桥架内有接头　　　　　图 3-25　不同电压等级回路未分槽敷设

导线未固定

2、危害及原因分析

（1）危害

1）线槽内有接头，降低可靠性，存在安全隐患。

2）线槽内导线未固定好，导线固定不可靠，垂直敷设时可能造成导线受力过大；也给使用后的检修造成麻烦。

3）线槽内导线截面积超出规范允许值，导线的总截面积大，不易散热，难固定。

4）强电和弱电的导线或同一电源不同回路有抗干扰要求的导线敷设在同一线槽内，由于线槽内电线有相互交叉和平行紧挨现象，导线间的距离太小，未采取屏蔽、隔离措施，会互相干扰。

（2）原因分析

1）线槽内导线杂乱产生的原因是施工图纸中考虑不周到，或施工中线路随意增加造成；线槽内布线完毕，未及时进行整理，造成布线混乱。

2）线槽内导线绑扎点间距大或未固定可靠。

3）设计上选用的规格、型号偏小；或设计是符合要求的，但施工时未按设计要求选用，使用的线槽截面积偏小；设计符合要求但余量不多、后增加的线路较多，而未另增加线槽。

4）施工人员忽略不同电压等级的电路不允许放置在同一线槽内。

3、防治措施

（1）线槽内的导线不应有接头，应把导线的接头放在接线盒、箱内。

金属线槽内敷线时，应先将导线拉直、理顺，盘成大圈或放在放线架上，从始端到终端、先干线后支线、边放边整理，不应出现挤压背扣、扭结、损伤导线等现象。导线按回路编号，分段绑扎成束，整理顺直再放在线槽内，绑扎时应采用尼龙绑扎带，不允许使用铁丝或导线进行绑扎。

（2）把线槽内的导线绑扎固定好，固定间距不大于 2m。

（3）线槽内电线或电缆的总截面面积（包括外护层）不应超过线槽内截面面积的 20%；控制、信号或与其相类似的线路，电线或电缆的总截面不应超过线槽内截面的 50%。导线不得阻碍盖板和裸露出线槽。

在线槽安装前应认真核对，根据设计要求，核算线槽内导线的总截面面积与线槽截面面积的比例，若不满足标准要求，应修改设计、满足要求后再施工。

在施工过程中若有修改、变更设计图或增加回路数；增加了导线截面面积，要注意当线槽内导线总截面面积超过标准要求时，应另穿管保护或增加线槽进行敷线。

（4）将不同电压等级的导线、强电和弱电导线分开敷设，同一电压等级的导线才可放在同一线槽内。敷设于同一线槽内有抗干扰要求的线路，用隔板隔离或采用屏蔽电线，且屏蔽护套一端应可靠接地。

同一电源的不同回路无抗干扰要求的线路可敷设于同一线槽内，同一回路的相线和零线，应敷设于同一金属线槽内。

4、优质工程示例

参见图 3-26。

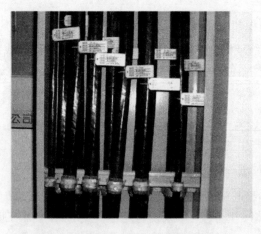

图 3-26　电缆绑扎规范回路标识设置齐全

二十七、导线架设与连接不规范

1、现象

（1）导线出现背扣、死弯、多股导线松股、抽筋、扭伤。

（2）导线用钳接法连接时不紧密，钳接管有裂纹。

（3）电杆档距内导线弛度不一致，裸导线绑扎处有伤痕。

2、危害及原因分析

（1）危害

导线出现背扣、死弯、多股导线松股、抽筋、扭伤或导线连接不紧密及档距内导线弛度不一致等现象，会影响线路的机械强度和安全运行。

（2）原因分析

1）在放整盘导线时，没有采用放线架或其他放线工具；放线方法不当，使导线出现背扣、死弯等现象；在电杆的横担上放线拉线，使导线磨损、蹭伤、松股，严重时甚至断股。

2）导线接头未按规范要求制作，工艺不正确。

3）同一档距内，架设不同截面的导线，紧线方法不对，出现弛度不一致；绑扎裸导线时没有缠保护铝带。

3、防治措施

（1）导线架设前，应检查导线的规格是否符合设计要求，有无严重的机械损伤，有无断股、破股、导线扭曲等现象，特别是铝导线有无严重的腐蚀现象。放线时，按线路长度和导线长度计算好导线就位的杆位或就位差，做好线盘就位，然后从线路首端（紧线处）用放线架架好线轴，沿着线路方向把导线从盘上放开。

对于导线出现背扣、死弯，多股导线松股、抽筋、扭伤严重者，应换新导线。

（2）导线的接头如果在跳线处，可采用线夹连接，接头处在其他位置，则采用钳接法连接，即采用压接管连接。

导线采用压接法连接时，应严格按照规定的操作程序来进行。

（3）同一档距内不同规格的导线，先紧大号线，后紧小号线，可以使弛度一致，断股的铝导线不能做架空线；裸铝导线与瓷瓶绑扎时，要缠 1mm×10mm 的小铝带，保护铝导线。

对于架空线弛度不一致应重新紧线校正。

二十八、线槽改动后强弱电冲突

1、现象

（1）装修改动后线槽要跟着改动，造成部分线缆不够长。

（2）装修的顶棚压到线槽盖无法打开，固定顶棚无法放线，没有检修口。

（3）在通道内与其他专业管道间距不够。

2、危害及原因分析

（1）危害

1）水平线槽改成转弯的，增加布线难度；短的线槽加长，使线缆超长或已布好的线缆不够长，造成线缆浪费。

2）线槽盖板无法开启，给增加线缆布放带来困难。

3）增加了布放线缆和维护检修的难度，且易对系统产生不良的电磁干扰。

（2）原因分析

1）施工前没有与装修等专业进行协调，装修完工后线槽无法敷设，改动的线槽需要绕过装修障碍，增加了施工难度，线缆也不好布放。

2）完工后由于房间使用功能的变化，装修需要改动。

3）施工前未与装修等专业单位协商好，吊顶和其他专业管道的标高不适合系统对线槽的要求；或线槽施工不规范，未按要求预留出足够的操作距离来。

3、防治措施

（1）在施工前要看透图纸和熟悉现场施工环境。

（2）线槽施工安装时多与装修及其他专业进行协调。

（3）施工中发现问题及时向总包单位或协调人员反映，如遇协调困难的情况时应积极地采取一些有效的补救措施，如与强电线缆要共用一条线槽时，应加设金属隔板以防电磁干扰等等。

二十九、竖井内线槽安装不规范

1、现象

（1）线槽直接安装在井道墙上，不加任何配件进行固定。

（2）线槽接口不对齐或连接不牢，竖向线槽不垂直。

（3）竖向线槽与竖井楼板结合部位无封堵。

2、危害及原因分析

（1）危害

1）造成线槽固定不牢，摆动空间太大。

2）线槽连接口不对齐，造成垂直度偏差太大。

3）发生火灾时会有烟火顺着竖井往上窜，形成烟囱效应，助长火势的蔓延，烧毁竖井里的线缆和机柜设备。

（2）原因分析

1）墙面与线槽之间没有加配件进行固定或是交接点不牢。

2）在竖向线槽和水平线槽接口的施工中，没有按厂家要求定做标准的线槽配件，如异型弯头，大变小弯头等等；施工人员经验和技术水平不够。

3）竖井的防火封堵问题，很多情况是由于建设各方没有注意忽视的结果，总包或协调人员没有明确有谁来负责此道工序,往往到竣工验收时都还存在未封堵情况。

3、防治措施

(1)竖井线槽的安装要从线槽底部打墙码固定,用工字钢加工,一面开孔打膨胀螺丝固定在墙上,一面开孔上螺丝与线槽固定,墙码安装距离1.5~2m一个,线槽与墙体的距离应不小于30mm。

(2)竖井线槽安装前要从竖井顶部放一条铁丝往竖井底部吊垂线,确定线槽的宽度与其他系统没有冲突;竖向线槽与线槽对接要准确,垂直线槽和桥架应与地面保持垂直,无倾斜现象,垂直偏差度不应超过3mm。

(3)竖向线槽与水平线槽连接用大变小的喇叭型弯头,出线口用砂轮打磨光滑无毛刺,所有线槽连接处应跨接地线,保持连续的电气连接。

(4)竖井线槽放线完毕后,应在线槽穿竖井墙板孔口两端处用不燃烧填充材料进行封堵。

三十、竖井垂直放线误差较大

1、现象

(1)线缆在竖向槽线槽与水平线槽交口处打绞,致使线槽盖板无法封闭。

(2)线缆打绞交叉线槽里很乱,不同种类的电缆绞叉在一起。

(3)垂直线缆没有分开绑扎和固定,部分线缆因为竖向受拉较紧而出现绝缘破损现象。

2、危害及原因分析

(1)危害

1)不能对线缆起到保护作用。

2)无法分清线缆类型,造成维护困难。

3)线缆太重下垂时不但对线缆的绝缘外皮有拉变长的问题,而且严重时有拉断线缆芯线的可能。

(2)原因分析

1)施工人员没有放线经验,每次放线前无计划,不按顺序排好,施工时比较盲目。

2)垂直放线从上往下放,在竖井口没有做好保护措施,线缆与竖井口或线槽摩擦严重。

3)施工人员偷工减料,没有按施工标准要求施工,或线缆在竖向线槽上无固定措施。

3、防治措施

(1)拉线时与线缆的连接点应保持平滑,一般采用电工胶布紧紧缠绕在连接点的外面,保持平滑牢固。

(2)穿线宜自上而下进行,在放线时线缆要求平行摆放,不能相互绞缠、交叉,不得使线缆出现死弯或打结现象。

（3）施工穿线随时作好临时绑扎，避免垂直拉紧后再绑扎，以减少重力下垂对线缆的影响。主干线穿完后进行整体绑扎，要求绑扎间距≤1.5m。光缆应实行单独绑扎。绑扎时如有弯曲应满足变曲半径不小于 10cm 的要求。

三十一、金属线管安装缺陷

1、现象

（1）线管弯曲半径偏小，弯曲处有严重扁凹、开裂现象；管口锯口不齐有毛刺，丝套连接不牢，管卡安装不合规范。

（2）金属线管无接地连接或接地保护电气导通性不合格。

（3）明装线管没有做防腐处理。

2、危害及原因分析

（1）危害

1）导致穿线困难或在线缆布放时易损伤。

2）金属线管的连接没有电气连接和接地，对管内的线缆没有起到屏蔽抗干扰的保护作用。

3）金属线管容易锈蚀。

（2）原因分析

1）采用的线管管壁偏薄、使用的线管弯管器与线管不匹配。

2）没有充分了解建筑的特性或施工规范。

3）施工人员在实施过程中偷工减料。

3、防治措施

（1）金属线管切割一般用钢锯和专用管子切割刀，严禁用气焊切割，管口用锉刀把内径的毛刺锉平，使管口保持光滑，成喇叭型。明管敷设时应用管卡固定，一般 1.5m 一个，管头连接处两端和弯头处约 20cm 处加多一个管架卡。弯管要选用合适的弯管器，弯管时先把要弯管的部位前端放在弯管器里，以防管子弯扁，用脚踩住管子，手扳弯管器进行弯曲，并逐步移动弯管器，慢慢用力扳到所需的弯度。条件允许时，在弯曲管道前将被弯曲管内注满砂子。

（2）金属线管连接管孔要对准牢固，密封性良好。薄壁金属管连接宜采用 JDG 新工艺施工简单方便。镀锌金属线管的连接和接地跨接严禁使用电焊或气焊方式施工。

（3）金属线管在施工安装前就应刷好防腐油漆或检查确定防腐无误后再安装，安装完成后再检查，发现有局部防腐损伤的地方应及时补做防腐油漆。

第四节　电气动力

一、三相异步电动机质量常见问题

1、电动机不能启动

（1）原因分析

1）控制电路接线错误或故障。

2）熔丝熔断或保护装置动作。

3）电压过低。

4）定子绕组相间短路、接地、断路或接线错误。

5）荷载过大或传动系统有故障。

（2）防治措施

1）改正控制电路的接线或修复。

2）检查电路及保护装置的工作情况。

3）检查电网电压，若是减压启动，则应重新调整启动设备。

4）查明短路、接地、断路点并修复或纠正接线。

5）更换为较大功率的电动机；减轻荷载；拆开联轴节，如电动机能正常起动，则应检查传动系统并消除障碍。

2、电动机轴过热

（1）原因分析

1）轴承损坏。

2）润滑脂过多或过少或有杂质。

3）轴承与轴配合过松或过紧。

4）轴承与端盖配合过松或过紧。

5）电动机两侧端盖或轴承盖没有装配好（不平行）。

6）联轴器未装好。

（2）防治措施

1）更换轴承。

2）调整或更换润滑脂。

3）过松时可将轴颈喷涂金属；过紧时应重新加工。

4）过松时将端盖镶套；过紧时重新加工。

5）将两侧端盖或轴承盖止口装平，拧紧螺栓。

6）校正联轴器。

3、电动机外壳带电

（1）原因分析

1）接地不良。

2）绕组受潮、绝缘损坏或接线板有污垢。

3）引出线绝缘磨破。

（2）防治措施

1）查明原因并重新接地。

2）绕组干燥处理；修复绝缘损坏处；清理接线板。

3）修复绝缘。

二、直流电动机质量常见问题

1、电枢接地

（1）原因分析

1）金属异物使线圈与地接通。

2）电枢绕组槽部或端部绝缘损坏。

（2）防治措施

1）用 220V 小容量试灯查出接地点，排除异物。

2）用低压直流电源测量换向片间电压降或换向片与轴间电压降的方法找出接地点，更换故障线圈。

2、绝缘电阻低

（1）原因分析

1）电机绕组和导电部分有灰尘、金属屑、油污。

2）绝缘受潮。

3）绝缘老化。

（2）防治措施

1）用压缩空气吹净，吹净无效可用弱碱性洗涤剂水溶液清洗，再干燥处理。

2）烘干处理。

3）浸漆处理或更换绝缘。

3、电枢绕组短路

（1）原因分析

1）电枢线圈接线错误。

2）换向片或升高片之间有焊锡等金属物短接。

3）匝间绝缘损坏。

（2）防治措施

1）电枢线圈与升高片之间重新连接。

2）用测量片间电压降的方法查出短接点，清除短接物。

3）更换绝缘。

4、电枢绕组短路

（1）原因分析

1）接线错误。

2）电枢线圈和升高片并头套开焊。

（2）防治措施

1）重新接正确。

2）重新焊好。

5、电机过热

（1）原因分析

1）负载过大。

2）电枢线圈短路。

3）主磁极线圈短路。

4）电枢铁心绝缘损坏。

5）冷却条件恶化、环境温度过高或冷却风扇故障。

（2）防治措施

1）减小或限制负载。

2）查明短路点并修复。

3）查明短路点恢复绝缘。

4）局部或全部进行绝缘处理。

5）清理电机内部，改善冷却条件，修复冷却风扇或停机冷却。

6、电动机转速不正常

（1）原因分析

1）励磁线圈断路、短路或接线错误。

2）电刷不在中性位置。

3）调速电阻阻值不符。

4）加速接触器不按规定动作。

5）电动机端电压不符。

6）负载过大。

（2）防治措施

1）查明断路、短路点并修复或纠正接线。

2）调整电刷到中性位置。

3）测量调速电阻并重新调整：

4）检查控制电路并排除故障。

5）检查电源电压并恢复正常。

6）减小负载。

7、换向器火花严重甚至灼伤

（1）原因分析

1）电机过载。

2）控制系统调整不当。

3）补偿极磁场太强或太弱、气隙太大或太小、换向区太宽或太窄或气隙不均匀。

4）换向器云母片凸出。

5）换向片凸出或凹下。

6）换向器偏心。

7）电刷刷距不匀。

8）电枢绕组焊接不良。

9）电枢绕组匝间短路。

10）补偿极绕组接反或被短接；换向器不清洁；电刷卡住、跳动，压力过大或过小，牌号不对，尺寸过大或过小，刷盒位置不对；机械振动。

（2）防治措施

1）减小负载。

2）重新调整。

3）查明原因，针对情况处理。

4）下刻云母片。

5）精加工换向器外圆。

6）精加工换向器内圆。

7）调整刷距。

8）查明短路点并消除。

9）改变接头或消除短路故障；清理换向器表面；针对原因处理；清除振动。

8、电机过热

（1）原因分析

1）荷载过大。

2）电枢线圈短路。

3）主磁极线圈短路。

4）电枢铁心绝缘损坏。

5）冷却条件恶化、环境温度过高或冷却风扇故障。

（2）防治措施

1）减小或限制荷载。

2）查明短路点并修复。

3）查明短路点并恢复绝缘。

4）局部或全部进行绝缘处理。

5）清理电机内部，改善冷却条件，修复冷却风扇或停机冷却。

9、电动机转速不正常

（1）原因分析

1）励磁线圈断路、短路或接线错误。

2）电刷不在中性位置。

3）调速电阻阻值不符。

4）加速接触器不按规定动作。

5）电动机端电压不符。

6）荷载过大。

（2）防治措施

1）查明断路、短路点并修复或纠正接线。

2）调整电刷到中性位置。

3）测量调速电阻并重新调整。

4）检查控制电路并排除故障。

5）检查电源电压并恢复正常。

6）减小荷载。

10、电机壳带电

（1）原因分析

1）电枢线圈接线错误。

2）换向片或升高片之间有焊锡等金属物短接。

3）匝间绝缘损坏。

（2）防治措施

1）电枢线圈与升高片之间重新连接。

2）用测量片间压降的方法查出短接点，清除短接物。

3）更换绝缘。

三、电磁继电器质量常见问题

1、触头故障

（1）原因分析

1）触头咬合（熔焊）。

2）触头接触电阻变大和不稳定。

3）荷载过大或触头容量过小、荷载性质变化等引起触头不能分合电路。

4）因电压过高，触头间隙变小而出现触头间隙重复击穿的现象。

5）由于操作频率过高，触头间隙过大，使触头不能分合电路。

（2）防治措施

1）调换触头组。

2）清理触头表面或调换触头组。

3）可调换继电器或采用触头并联等办法解决。

4）调换继电器，调整间隙或采用触头串联等方法。

5）采用特殊的继电器或调整触头间隙。

2、线圈发热烧坏、断线

（1）原因分析

1）环境温度超出规定值，导致线圈温升过高而使绝缘损坏；由于潮湿引起绝缘强度下降；由于腐蚀引起断线或匝间短路。

2）使用维护中由于机械损伤，使线圈绝缘破坏。

3）线圈电压超过110%额定值而导致发热或烧坏。

4）操作频率过高或交流线圈在其电压低于85%额定值时，因衔铁不吸合也会导致线圈发热或损坏。

5）由于机械可动部件卡住，在交流线圈接入电路时，也会因衔铁不吸合造成线圈烧坏。

（2）防治措施

1）选用特殊的继电器。

2）更换线圈及其他损坏部件。

3）调整电源电压，更换损坏部件。

4）排除机械可动部件故障或调换部件。

四、低压断路器质量常见问题

1、接头闭合不良

（1）原因分析

1）失压脱扣器无电压或线圈断路。

2）贮能弹簧变形，导致闭合力减小。

3）反作用弹簧力过大。

4）机构不能复位再扣。

（2）防治措施

1）检查线路，恢复电压或更换线圈。

2）更换贮能弹簧。

3）调整反作用弹簧。

4）调整再扣接触面至规定值。

2、合闸后一定时间跳闸

（1）原因分析

1）过电流脱扣器长延时整定值不对。

2）热元件变质。

3）主电路进出线接触不良而发热，导致热脱扣器动作。

（2）防治措施

1）重新调整。

2）更换热元件。

3）重新接线，使接触良好。

3、断路器温升过高

（1）原因分析

1）触头压力不足。

2）触头过分磨损或接触不良。

3）主电路导电零件连接螺钉松动或进出线接触不良。

（2）防治措施

1）调整触头弹簧。

2）清理接触面，更换触头或更换整个开关。

3）拧紧螺钉或重新接线。

五、电动执行机构未设置可靠接地

1、现象

（1）电动机、电加热器及电动执行机构未可靠接地。

（2）设备接线盒内裸露的不同相间导体间距小，相线对地之间的间距小。

2、危害及原因分析

（1）危害

1）电动机、电加热器及电动执行机构未可靠接地，存在安全隐患。

2）接线盒内导体的安全间距不够，操作过电压时会发生放电事故。

（2）原因分析

1）电动执行机构一般在接线端子旁边或外壳设置了接地接点，施工人员将电源连接完后，容易遗漏接地，当后期检查工作不细致或发现问题也没有及时处理；低压动力工程无论采用何种供电系统，但可接近的裸露导体必须接地，以确保使用安全。

2）设计人员设计时，没有认真考虑到一些进口设备与国内材料的匹配问题，还有的接线箱、配电箱生产厂家在箱内器件组装时，忽视相线对地间、相间的安全间距问题。

设备的接线盒内所配备的接线端子间的距离本来就较小，所连接的导线压接端子后比接线座大，接线后端子间的间距更加接近。如部分进口水泵的接线盒体积较小，设计上的电缆截面积较大，使端子间的间距小于8mm。

3、防治措施

（1）电动机、电加热器及电动执行机构的可接近裸露导体必须接地，以确保使用安全；施工过程要加强检查和认真做好交接验收。

（2）进口电机有部分接线盒的体积较小，要多加注意，如接线盒内预留的端子，设备的线间（端子）应有大于8mm的安全电气间隔，对电气间隙、爬电距离不满足规范要求的必须采取加强绝缘措施。

六、发电机运行前未验收

1、现象

（1）发电机的馈电线路相序与原供电系统不一致。

（2）发电机的交接试验内容缺项，未按要求做好记录。

2、危害及原因分析

（1）危害

1）发电机的馈电线路相序与原供电系统不一致，导致三相电机反转，设备无法正常运行，存在安全隐患。

2）发电机未按要求做试验和交接验收，发电机绕组是否存在问题、耐压是否满足规范要求仍未搞清楚，就盲目投入试运行，可能造成烧毁发电机的事故。

（2）原因分析

1）施工人员责任心不强，线路压接前未认真核对相序，或由于插接母线接续后再与发电机母线、低压柜母线连接时未认真校对。

核相是两个电源向同一供电系统供电的必经手续，虽然不出现并列运行，但相序一致才能确保用电设备的性能和安全。

2）发电机未按要求做试验和交接验收，是由于施工人员贪图省事，未严格按施工质量验收规范、电气设备交接试验标准执行。

3、防治措施

（1）柴油发电机馈电线路连接后，必须进行核相，对不一致的回路进行调整，使其与原供电系统的相序一致。

（2）发电机安装后必须做试验和交接验收，发电机的试验必须符合表 3-11 的要求。发电机的交接验收要做好记录。

表 3-11　发电机交接试验验收表

序号	部位／内容	试验内容	试验结果
1	定子电路	测量定子绕组的绝缘电阻和吸收比	绝缘电阻值大于 0.5MΩ；沥青浸胶及烘卷云母绝缘吸收比大于 1.3；环氧粉云母绝缘吸收比大于 1.6
2	定子电路	在常温下，绕组表面温度与空气温度差在 ±3℃范围内测量各相直流电阻	各相直流电阻值相互间差值不大于最小值 2%，与出厂值在同温度下比差值不大于 2%
3	定子电路	交流工频耐压试验 1min	试验电压为 $1.5U_n+750V$，无闪络击穿现象，U_n 为发电机额定电压
4	转子电路	用 1000v 兆欧表测量转子绝缘电阻	绝缘电阻值大于 0.5MΩ
5	转子电路	在常温下，绕组表面温度与空气温度差在 ±3℃范围内测量绕组直流电阻	数值与出厂值在同温度下比差值不大于 2%
6	转子电路	交流工频耐压试验 1min	用 2500V 摇表测量绝缘电阻替代
7	励磁电路	退出励磁电路电子器件后，测量励磁电路的线路设备的绝缘电阻	绝缘电阻值大于 0.5MΩ
8	励磁电路	退出励磁电路电子器件后，进行交流工频耐压试验 1min	试验电压为 1000V，无击穿闪络现象
9	其他	有绝缘轴承的用 1000v 兆欧表；测量轴承绝缘电阻	绝缘电阻值大于 0.5MΩ

（序号 1～9 均属"静态试验"）

序号	部位	内容	试验内容	试验结果
10	静态试验	其他	测量温检计（埋入式）绝缘电阻，校验温检计精度	用 250V 兆欧表检测不短路，精度符合出厂规定
11			测量灭磁电阻自同步电阻器的直流电阻	与铭牌相比较，其差值为±10%
12		运转试验	发电机空载特性试验	按设备说明书对比，符合要求
13			测量相序	相序与出现标识相符
14			测量空载和负荷后轴电压	按设备说明书对比，符合要求

七、插座及面板安装不牢

1、现象

（1）开关、插座的相线、零线、PE 保护线有串接现象。

（2）开关、插座的导线线头裸露，固定螺栓松动，盒内导线余量不足。

（3）面板与墙体间有缝隙，面板有胶漆污染，不平直。

（4）线盒留有砂浆杂物。

2、危害及原因分析

（1）危害

1）开关、插座的相线、零线、PE 保护线串接、开关、插座的导线线头裸露、容易发生短路损坏设备。

2）面板与墙体间有缝隙，面板有胶漆污染，不平直影响美观。盒内导线余量不足影响后续的维护。

（2）原因分析

1）施工人员责任心不强，对电器的使用安全重要性认识不足。

2）存在不合理的节省材料思想。

3）预埋线盒时没有牢靠固定，模板胀模，安装时坐标不准确。

3、防治措施

（1）开关、插座的相线、零线、PE 保护线要分清，不得有串接现象，其具体施工应按标准规范进行。

（2）开关、插座的导线线头不得裸露，盒内导线要留有一定的余量。

（3）面板与墙体间要紧贴不留缝隙，保持清洁、平直美观。

（4）加强施工人员的施工技能水平和责任心的培训。

八、预埋暗管暗盒缺陷

1、现象

（1）预埋底盒无法穿线或无法安装面板。

（2）预埋暗管转弯无法穿线。

（3）预埋管的墙面开裂。

2、危害及原因分析

（1）危害

1）导致无法完成线缆布放工作。

2）导致重新开凿，造成返工，耽误工期。

3）墙体开裂很难恢复原样，影响装修美观。

（2）原因分析

1）底盒内有混凝土、砂浆，造成进底盒的管口堵塞，无法穿线；底盒安装高低不平整或安装选用明装线盒作暗埋，造成面板安装不平整或面板周边无法收口。

2）暗管的弯曲半径偏小，在同一路径上暗管的弯曲点太多，而没有设置管线过线盒。

3）墙体里预埋的线管管径太大或数量太多，管线保护层厚度偏小。

3、防治措施

（1）暗埋线盒不应选用明装线盒，线盒在预埋时应用铁丝或木板固定好位置，线盒与模板接缝严密不得有水泥或砂浆渗入，线盒与预埋线管间应采用同品牌标准配件相连，以确保连接牢固可靠。

（2）严格按规范要求设置线路过线盒。

（3）预埋在结构板墙内的暗管不要使用太大的管径，如遇较多线路时，可考虑多预埋几条管线，凡是预埋在结构板墙内的管线一定要保证足够的保护层厚度（≥15mm）。

九、机柜设备和配线架质量常见问题

1、现象

（1）机柜内配线架安装位置靠网络设备太近。

（2）没有预留足够的维护空间。

（3）网络设备与配线架跳线太长或太短。

（4）机柜摆置不牢固。

2、危害及原因分析

（1）危害

1）点端口配线架的安装不合理，影响网络设备的维护，造成没有空间增加网络设备和信息点。

2）跳线太长占用机柜空间，跳线太短网络端接没有移动位置。

3）振动机柜会影响设备的正常运行。

（2）原因分析

1）有的用户为了省设备机柜，把配线架和网络设备装得很满。

2）施工人员没有按标准安装，或缺乏机柜设备的安装经验。

3）机柜配置的跳线都是统一的长度。

4）活动地板安装不平或机柜底没有安装防震架。

3、防治措施

（1）在工程设计中就要考虑好每个设备间的机柜要装多少。

（2）机柜网络设备安装在机柜的顶部下来 2 个 U19″（42U）的机柜空间，一般的机柜设备和配线架各占一半的空间，不要全部装满，要留出 20%的空间供未来扩充之用，也方便维护。

（3）机房配置的跳线不要统一的长度，可根据配线架和网络设备的大概距离订购（有 3m、2m、1m 的等多种规格），也可在现场量准加工。

（4）机柜安装要稳固，位置正确后放下柜底四个固定脚轮并调平到柜体垂直；如有的设计上有抗震要求的，就要用 40×40 的角钢焊一个与机柜底盘一样大小的铁架固定在楼板上，与活动地板面平，再把机柜底脚轮拆掉，在机柜底部用螺栓与铁底架上紧并调至垂直止。

第五节　电气照明

一、开关、插座、灯具安装及接线质量防控

1、与土建专业密切配合，准确牢靠固定线盒；当预埋的线盒过深时，应加装一个线盒。安装面板时要横平竖直，应用水平仪调校水平，保证安装高度的统一。另外，安装面板后要饱满补缝，不允许留有缝隙，做好面板的清洁保护（见图 3-27）。参见图 3-28。

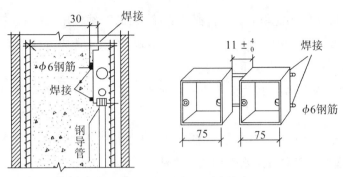

图 3-27　用钢筋架子固定线盒

图 3-28　线盒安装倾斜

2、加强管理监督，确保开关、插座中的相线、零线、PE 保护线不能串接，先清理干净盒内的砂浆（见图 3-29）。

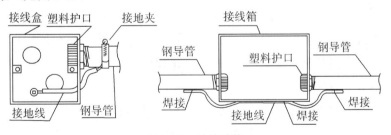

图 3-29　地线跨接

3、剥线时固定尺寸，保证线头整齐统一，安装后线头不裸露；同时为了牢固压紧导线，单芯线在插入线孔时应拗成双股，用螺栓顶紧、拧紧。

4、开关、插座盒内的导线应留有一定的余量，一般以 100～150mm 为宜。

5、安装开关、插座之前，应先扫清盒内灰渣；安装盒如出现锈迹，应再补刷一次防锈漆，以确保质量；土建装修进行到墙面、顶板喷完浆活时，才能安装开关、插座及电气器具。

6、接地线在插座间不能串联连接，必须直接从 PE 干线接出单根 PE 支线接入插座。

7、导线分支接头采用缠绕方法搪锡，包扎绝缘层不低于原来导线的绝缘强度，接线处的连接导线绝缘层受损处，要求重新包扎好。

8、同一建筑物、构筑物的开关采用统一系列的产品，开关的通断位置一致，操作灵活、接触可靠。

9、按规范要求，成排灯具安装的偏差不应大于 5mm，因此在施工中需要拉线定位，使灯具在纵向、横向、斜向以及水平均为一直线。

10、天花吊顶的筒灯开孔要先定好坐标，做到平直、整齐、均匀，开孔的大小要符合筒灯的规格，安装时外圈牢固地紧贴吊顶，不露缝隙。

二、普通开关插座的布置安装不符合要求

1、现象

（1）不同类别、不同电压等级的插座安装在同一场所，无明显的区别。

（2）插座回路的布置不符合要求。

（3）预埋的空调插座与空调预留洞不一致，洗衣机插座与放洗衣机的位置不一致。

（4）金属线盒生锈腐蚀，插座盒内不干净、有灰渣，开关、插座周边抹灰不整齐，安装好的开关、插座面板被喷浆弄脏，开关、插座面板安装不牢。

2、危害及原因分析

（1）危害

1）不同类别、不同电压等级的插座安装在同一场所，无明显的区别，容易误用，存在安全隐患。

在同一场所，因为一些特殊的需要，将安装有交流、直流的电源插座或不同电压等级的插座混用；因为不同用电设备的供电电源不同，用电时如果插错插座（例如把直流供电电源的设备插到交流的插座上，把 24V 直流电源的设备插到 110V 直流电源上），可能会损坏设备，甚至危及人身的安全。

2）公共建筑物一个插座回路的插座数量超出 10 个；插座与灯具同一回路，且插座数超过 5 个。住宅插座回路和照明灯具同一回路，厨房、卫生间的电源插座与其他插座同一回路。存在安全隐患。

3）预埋的空调插座与空调预留洞不一致，洗衣机插座与放洗衣机的位置不一致，造成使用不方便。

4）金属线盒生锈腐蚀，插座盒内不干净、有灰渣，开关、插座周边抹灰不整齐，安装好的开关、插座面板被喷浆弄脏，开关、插座面板安装不牢，影响开关插座的安装质量，

并影响其寿命。

（2）原因分析

1）不同类别、不同电压等级的插座安装在同一场所，为了方便，使用相同型号的插座。

2）设计上对照明用电回路和插座回路未分路设计；或施工人员未按设计要求布置插座回路，贪图方便，想节省管材及工时。

3）设计图纸未汇签，图纸标注出错；或者施工单位施工前未认真审图、未熟悉图纸；施工过程发现位置不对，不及时反馈给设计院等有关的单位、人员。

4）金属线盒受潮，受酸性、碱性等物质的污染，在施工过程碰伤破坏镀锌层等造成生锈；接线前后未清理干净；抹灰时，只注意大面积的平直，忽视盒子口的修整，抹罩面灰膏时仍未加以修整，待喷浆时再修补、由于墙面已干结，造成粘结不牢并脱落；开关面板的紧固柱损坏、紧固螺钉不配套，造成面板安装不牢固。

3、防治措施

（1）同一场所装有交流与直流的电源插座，或不同电压等级的插座，应选择不同结构、不同规格、不能互换的插座，配套的插头也有明显的区别，用电时不能互换而插错。

（2）插座宜由单独的回路配电，并且一个房间内的插座宜由同一回路配电；插座回路与照明灯具回路由不同的电源回路供电，不要贪图方便，由照明回路引出导线连接到插座上；厨房、卫生间的插座应有独立的供电回路。

在导管的敷设时就应预留好回路，再按不同的回路穿线供电。

（3）预埋的空调插座与空调预留洞应一致，洗衣机插座与放洗衣机的位置应一致；设计图纸应汇签，图纸标注明确；施工单位施工前应认真审图，熟悉图纸；施工过程发现位置不对，及时反馈给设计人员进行修改。

（4）安装开关、插座之前，应先扫清盒内灰渣脏土；安装盒如出现锈迹，应再补刷一次防锈漆，以确保质量；土建装修进行到墙面、顶板喷完浆活时，才能安装电气设备；开关、插座安装不牢固，应拆下重新更换紧固柱或线盒。

三、开关、插座接线错误

1、现象

（1）插座的相线、零线、地线接线错误。

（2）插座的接地线串接。

（3）导线分支接头采用缠绕方法未搪锡，不包扎绝缘层，接线帽的连接导线绝缘层受损，接头松动。

（4）同一单位工程的开关，通断方向位置不一致，相线未经开关控制。

2、危害及原因分析

（1）危害

1）插座的相线、零线、地线接线错误，造成用电设备的接线出错。用电设备，如家用电器，一般自带有电源开关切断火线，如果火线、零线接反，家用电器的使用过程中虽然关闭了电源开关，但未能切断电源的火线，家用电器仍然带电，当家用电器的绝缘老化时外壳带电，既浪费电能，又存在安全隐患。

2）插座的接地线串接，当前面的插座或接地线端子出现问题，后面插座的接地端子不能与接地线可靠连接，存在严重安全隐患。

3）导线分支接头采用缠绕方法不搪锡，连接处松紧不一致，接触不可靠，接触电阻增大，连接处发热。

4）相线未经开关控制，起不到控制作用，当开关断开时，不能可靠断开电源，存在安全隐患。

同一单位工程的开关，通断方向位置不一致，开关的控制混乱，有时表面上虽然切断了电源，但未切断火线，易给维修人员造成错觉，检修时易产生触电事故。

（2）原因分析

1）不熟悉规范要求。

2）施工单位技术管理人员未对工人进行技术交底和技术培训。

3）施工时贪图方便，把两根或以上导线接于同一孔（座），导线分支接头采用缠绕方法不搪锡，连接处包扎的绝缘胶布少。

4）未认真做交接验收，或发现问题没有随即处理。

3、防治措施

（1）穿线时就应把三相电鉴别好相序，并分好颜色；注意单相电相线、零线、PE 线的颜色区分清楚，零线为淡蓝色，PE 线为黄绿相间色，三相电的 A 相为黄色，B 相为绿色，C 相为红色。加强自检互检，及时纠正错误。

（2）接地线在插座间不能串联连接，必须直接从 PE 干线接出单根 PE 支线接入插座。

（3）导线分支接头采用缠绕方法应搪锡，包扎绝缘层不低于原来导线的绝缘强度，接线处的连接导线绝缘层受损处，要求重新包扎好。

（4）同一建筑物、构筑物的开关采用同一系列的产品，开关的通断位置一致，操作灵活、接触可靠。

（5）灯具的相线经开关控制。

4、优质工程示例

参见图 3-30。

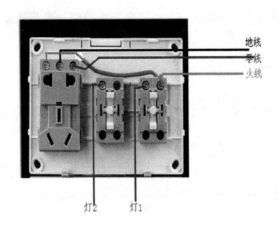

图 3-30　开关插座接线正确

四、风扇安装高度不够、噪声大

1、现象

（1）吊扇的安装高度低于 2.5m，壁扇的安装高度低于 1.8m。

（2）风扇的防松件不齐全，扇叶有明显的颤动，噪声大。

2、危害及原因分析

（1）危害

1）吊扇的高度低于 2.5m、壁扇高度低于 1.8m 时，身高较高的人伸手容易碰到风扇叶，容易伤人。

2）电风扇在运转中有明显的颤动和噪声，影响人们的生活和工作。

（2）原因分析

1）技术交底不清或无交底。

2）大面积吊扇安装，缺少专业之间的配合，无大样图设计，操作者随意施工，操作人员质量意识差，施工时偷工减料。

3）设备进场未认真验收，验收制度不健全；扇叶有明显的颤动，噪声大，产生的原因是产品本身存在噪声、颤动、动平衡不良问题，产品附件不配套，防松垫圈规格小、材质薄、支撑力差。

4）发现存在问题未进行更换、调整。

3、防治措施

（1）吊扇的高度要满足要求，使吊扇扇叶距地高度等于或大于 2.5m，避免身材高大的人碰触到；螺钉、螺栓安装部位平垫圈和弹簧垫圈应齐全，并且拧紧固；吊扇为转动的电气器具，运转时有轻微的振动，为防止安装器件松动而发生坠落，故其减振防松措施要齐全。

（2）壁扇的安装高度也要满足要求。不符合要求的壁扇要重新安装，高度要求在 1.8m 及以上的位置。

（3）风扇安装完毕，应认真做好试运行，运转时扇叶无明显颤动和异常声响。

五、软线吊灯安装质量常见问题

1、现象

吊盒内保险扣太小不起作用；灯口内的保险扣余线太长，使导线受挤压变形；吊盒与圆木不对中；灯位在房间内不对中；软线不涮锡或涮锡不饱满。、

2、原因分析

（1）采用 0.5mm² 软塑料线取代双股编织花线做吊灯线，外径太细，使保险扣从吊盒眼孔内脱出，使压线螺钉受拉力。

（2）安装时不细心，又无专用工具，全凭目测，安装后吊盒与圆木对中不正。

3、防治措施

（1）吊灯线应选用双股编织花线，若采用 0.5mm² 软塑料线时，应穿软塑料管，并将该线双股并列挽保险扣，如图 3-31 所示。

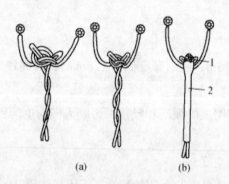

图 3-31　0.5mm² 软塑料线挽保险扣

（a）挽扣；（b）穿塑料管

1—热封口；2—套软塑料管

（2）在圆木上打眼时，预先将吊盒位置在圆木上划一圈，安装时对准划好的线拧螺钉，使吊盒装在圆木中心，预制圆孔板定灯位时，由于板肋的影响，灯位可往窗口一边偏移 6cm。

（3）吊灯软线与压线螺钉连接应将软线涮锡，涮锡时可先将铜芯线挽成圈再涂松香油，焊锡温度高一点即可焊好。

4、治理方法

（1）吊盒内保险扣从眼孔掉下，应重新挽大一点的保险扣再安装。

（2）吊盒不在圆木中心，返工重新安装。

六、吊式日（荧）光灯群安装质量常见问题

1、现象

（1）灯具喷漆碰坏，外观不整洁。

（2）灯具排列不整齐，高度不一，吊线（链）上下档距不一，导线在吊链内未编叉。

（3）须接地的金属外壳不做保护接地（零）。

（4）镇流器接线错误。

2、原因分析

（1）灯具在贮存、运输、安装过程中未妥善保管，过早拆去包装纸。

（2）暗配线、明配线定灯位时未弹十字线、中心线，也未加装灯位调节板。吊灯装好后未拉水平线测量定出中心位置，使安装的灯具不成行，高低不一致。

（3）采用空心圆孔预制楼板的方向受到板肋的影响，造成灯具档距不一致。

3、防治措施

（1）灯具在安装、运输中应加强保管。成批灯具应进入成品库，设专人保管，建立责任制度；对操作人员应作好保护成品质量的技术交底，不应过早地拆去包装纸。

（2）成行吊式日光灯安装时，如有三盏灯以上，应在配线时弹好十字中线，按中心线定灯位。如果灯具超过十盏时，可增加尺寸调节板，此时应将吊盒改用法兰盘。

（3）为了上下吊距开档一致，若灯位中心遇到楼板肋时，可用射钉枪射固螺钉，或者统一改变日光灯架环间距，使吊线（窗）上下一致。

（4）吊装管式日光灯时，铁管上部可用锁母、吊钩安装，使垂直于地面，以保持灯具平正。

（5）组装日光灯时，应查对镇流器的接线端头，是四个头的，还是两个头的。必须按镇流器附图的规定接线，不得接错；须接地的金属灯具，应认真做好保护接地或保护接零。

4、治理方法

（1）灯具不成行，高度、档距不一致超过允许限度时，应用调节板调整。

（2）须接地的金属灯具，应用 $2.5mm^2$ 的软钢线作为保护接地线。

5、优质工程示例

参见图 3-32。

图 3-32 日光灯管安装规范

七、花灯及组合式灯具安装质量常见问题

1、现象

灯位不在分格中心或不对称；吊灯法兰盖不住孔洞，严重影响了厅堂美观；在木结构吊顶板下安装组合式吸顶灯，防火处理不认真，有烤焦木顶棚的现象，甚至着火；花灯金属外壳带电；花灯安装不牢固甚至脱落。

2、原因分析

（1）在有高级装修吊顶板和护墙分格的工程中，安装线路确定灯位时，没有参阅土建工程建筑装修图，土建、电气专业会审图纸不严密，容易出现灯位不正，档距不对称。

（2）装饰吊顶板留灯位孔洞时，测量不准确。

（3）土建施工操作时灯位开孔过大。

（4）在木结构吊顶板下安装吸顶灯未留透气孔，开灯时间一长，灯泡产生的温度越积越高，而使木材碳化，达到350℃即可起火燃烧。

（5）高级花饰灯具，灯头多，照度大，温度高，使用中容易将导线绝缘损坏而使金属外壳带电。在安装灯具时，未做保护地（零）线，所以花灯金属构件即使长期带电，也不会熔断熔丝或使自动开关动作。

（6）未考虑吊钩长期悬挂花灯的重量，预设的吊钩太小，没有足够的安全系数，造成后期掉灯事故。

3、防治措施

（1）在配合高级装修工程中的吊顶施工时，必须根据建筑吊顶装修图核实具体尺寸和分格中心，定出灯位，下准吊钩。对大的宾馆、饭店、艺术厅、剧场、外事工程等的花灯安装，要加强图纸会审，密切配合施工。

（2）在吊顶夹板上开灯位孔洞时，应先选用木钻钻成小孔，小孔对准灯头盒，待吊顶夹板钉上后，再根据花灯法兰盘大小，扩大吊顶夹板眼孔，使法兰盘能盖住夹板孔洞，保证法兰、吊杆在分格中心位置。

（3）凡是在木结构上安装吸顶组合灯、面包灯、半圆球灯和日光灯具时，应在灯爪子与吊顶直接接触的部位，垫上 3mm 厚的石棉布（纸）隔热，防止火灾事故发生。

（4）在顶棚上安装灯群及吊式花灯时，应先拉好灯位中心线，按十字线定位。

（5）一切花饰灯具的金属构件，都应做良好的保护接地或保护接零。

（6）花灯吊钩应采用镀锌件，并能承受花灯自重 6 倍的重力。特别重要的场所和大厅中的花灯吊钩，安装前应对其牢固程度作出技术鉴定，做到安全可靠。一般情况下，如采用型钢做吊钩时，圆钢最小规格不小于 φ12mm；扁钢不小于 50mm×5mm。

4、治理方法

（1）花灯因吊钩腐蚀而掉下，必须凿出结构钢筋，用大于或等于 A12mm 镀锌圆钢重新做吊钩挂在结构主筋上。

（2）分格吊顶高级装饰的花灯位置开孔过大，灯位不居中，应换分格板，调整灯位，重新开孔装灯。

（3）金属灯具外壳未做保护接地线而引起外壳带电，必须重新连接良好的保护接地（零）线。

八、灯具安装高度不够

1、现象

（1）敞开式灯具在室内的安装距地面高度小于 2m。

（2）重量超过 3kg 的灯具，直接安装在吊顶辅助龙骨上；重量超过 0.5kg 的灯具未采用吊链，使灯具的导线受力。

（3）钢管做灯杆时，钢管壁厚小于 1.5mm。

2、危害及原因分析

（1）危害

1）室内敞开式灯具安装距地面高度小于 2m，人身容易碰触到，存在被烧伤的隐患。

2）重量超过 3kg 的灯具，直接安装在辅助龙骨上，灯具的安装不牢固，灯具容易脱落砸伤人，破坏吊顶结构；重量超过 0.5kg 的灯具未采用吊链，因为导线受力而容易造成线路断裂，进而造成短路、断路现象。

3）灯杆钢管壁厚小于 1.5mm，也同样因为钢管强度不够，钢管受力时容易断裂或弯曲，使线路受力而造成短路现象。

（2）原因分析

1）设计图纸上未根据灯具的使用场所注明灯具的规格、型号，安装位置和高度；对室内低于 2m 的敞开式灯具无防护措施。

2）灯具无专用的支、吊架，安装中没按要求进行结构生根处理，而随意利用吊顶的龙骨架。

3）对规范要求不熟悉，未进行技术交底。

3、防治措施

（1）选用灯具时应考虑灯具的使用场合、安装位置、供电电压等；如果电压高于 50V 的危险电压，在室内的安装高度低于 2m 时，不能选用敞开式的灯具。

使用敞开式灯具，安装高度距地应大于 2m。

（2）灯具安装前做好技术交底工作。

安装灯具时，应根据灯具的重量，选用正确的安装方法；吊顶内的灯具有单独支、吊架，不能直接安装在辅助龙骨上；灯具重量大于 3kg 时，固定在螺栓或预埋吊杆上；大于 0.5kg 的灯具采用吊链，且软电线编叉在吊链内，使电线不受力。

安装过程中认真进行施工和工序交接检查验收。

（3）应加强施工工人的技术培训，施工过程严格按照规范要求施工，对于大型灯具按照图纸做好预埋工作；当钢管做灯杆时，钢管内径大于等于 10mm，钢管厚度大于等于 1.5mm。

九、灯具配件不配套

1、现象

灯具无合格证；灯具的配件不齐全或者不配套。

2、危害及原因分析

（1）危害灯具无合格证，产品的质量难以保证；灯具配件、附件不齐全，造成安装困难；使用不合格的灯具达不到使用效果，存在安全隐患。

（2）原因分析

产生原因是灯具的选型、定货时未提出相应的技术要求，对产品不了解；未选有生产能力的生产厂家的产品；产品供货中间环节出错；产品进场时未进行检查验收。

灯具无合格证，产品没有铭牌、无生产厂家，新型灯具没有性能试验报告，灯具不符合有关技术标准要求，可能是假冒伪劣产品。

3、防治措施

（1）灯具定货时注意所选型号应符合设计要求，满足产品技术要求，灯具结构合理；选有生产能力厂家的产品，尽量减少中间环节。

（2）设备进场时要加强检查验收工作，必须使用合格的灯具，每批产品附有合格证和有效的检验报告等；每件产品有铭牌，普通灯具有安全认证标志；产品批量进货与定货时所选样品一致。

（3）注意灯具应配有专用接地端子、接地端子位置合理，紧固件齐全，且有接地标识。

灯具所配导线的芯线截面积不小于 $0.5mm^2$，绝缘层厚度符合要求，如橡胶或聚氯乙烯（PVC）绝缘电线的绝缘层厚度不小于 0.6mm。

（4）灯具配件、附件应齐全，无机械损伤、变形、裂纹、涂料剥落、灯罩损坏等现象。

（5）对于防爆灯具、游泳池和类似场所灯具，应注意抽样检测。

十、大型花灯未做过载试验

1、现象

大型花灯的固定及悬吊装置未做过载试验或过载试验做法不正确，试验负载重量不满足要求。

2、危害及原因分析

（1）危害大型花灯的固定及悬吊装置未按规范要求做过载试验，难以确定其牢固程度是否符合要求，存在安装不牢固而脱落的安全隐患。

大型花灯通常安装在公众场所的正上方，如各类厅堂的中央位置，就是民用住宅一般也是安装在客厅、餐厅的正中间，灯下面过往人员多，如固定不可靠、不牢固，当灯具的吊挂装置不能承受灯具的重量时，大型花灯脱落，将危及人身安全，并造成财产损失。

（2）原因分析

1）施工人员不熟悉规范要求、经验不足而漏做。

2）不按灯具制造厂提供的相关资料为依据进行安装。

3）未进行技术交底。

4）灯具安装前，未对固定及悬吊装置进行检查验收，漏做或贪图省事不做。

3、防治措施

灯具的固定可采用预埋件（支架、铁板、吊钩等）或金属膨胀螺栓的方法。不管采用何种安装固定方法，大型灯具吊挂安装前，都必须进行过载试验，检验其牢固程度是否达要求，以确保使用安全。

对施工设计文件或灯具随带的说明文件中，有些指定安装用吊钩的，按产品要求施工；一般重量较小的可用拉手弹簧秤检测，吊钩不应变形。对施工设计文件有预埋部件图样的大型灯具固定及悬吊装置，需做悬吊过载试验。

十一、疏散照明灯位置及配线不规范

1、现象

疏散照明的安全出口标志灯的安装距地高度低于 2m；疏散通道上的标志灯间距大，位置不合理，在其周围有容易混同的其他标志牌；疏散照明明敷线未穿管保护；在人防区域未穿金属管保护；线路使用 BV 型电线。

2、危害及原因分析

（1）危害

疏散照明的安全出口标志灯高度不够、疏散标志灯的设置不合理，指示灯不能正确指明逃生通道、逃生路线，将会影响应急状态下人们的逃生之路，不符合消防要求；消防线路电线不穿管保护，线路采用普通铜芯电线，当发生火灾时，耐火时间达不到要求，线路容易着火而引起火灾蔓延。

（2）原因分析

1）设计上未明确灯具的安装高度、间距，对明敷线路未强调须穿管保护。

2）未标明线路须采用耐火电线、电缆等。

3）设计上已有明确要求，但施工人员未按设计要求施工。

3、防治措施

（1）对疏散照明等重要的线路和灯具，从设计环节就应认真对待，对灯具的安装位置、高度、间距应明确并符合规范要求；线路敷设中的电线、电缆防火等级和线路保护措施等都应注明。还应加强图纸校对、审核、汇签等。

（2）施工人员应熟悉规范要求，要重视施工前的图纸会审工作，及时发现问题；如施工过程发现存在问题，应及时反馈给设计院，设计人员做出修改意见，按修正的图纸更正好灯具的安装位置，使之满足规范要求。

十二、庭院灯、草坪灯接线及接地不可靠

1、现象

庭院灯、草坪灯的金属壳体无专用接地端子；接地线随意与安装固定螺丝压接在同一座上；大型庭园的灯具接地无接地干线；灯具的接线盒不防水。

2、危害及原因分析

（1）危害

庭院灯、草坪灯的形式多种，结构上高矮不一，造型上花样众多，材料上有金属和非金属之分。一般安装在室外，易被雨水入侵，人们日常易接触灯具表面。灯具的接线端子

设置不合理，没有专用接地端子，庭院灯接地不可靠，存在安全隐患。

大型庭园无接地干线且未形成环形，接地线有串接现象，存在安全隐患。若无接地干线，灯具的接地支线串联连接，当灯具移位或更换时，容易使其他灯具失去接地保护作用，而发生人身安全事故。

将接地线与安装固定螺丝压接在同一座上，当固定螺丝松动后，接地不良，同样不能起到接地保护作用。

灯具接线盒不防水容易使线路的绝缘强度不符合要求。接线盒不防水，室外雨水、露水等很容易通过接线盒进入线路管道中，受到水浸泡后，线路绝缘层破坏，造成线路漏电、短路现象。

（2）原因分析

1）对灯具的安装场所不熟悉，不清楚规范要求。

2）原设计图纸未设计这部分内容，园林、绿化施工单位"深化"设计的图纸不详细。

3）未认真审阅图纸，未做技术交底。

4）未按图施工，施工人员贪图方便，节省工时。

3、防治措施

（1）庭院灯、草坪灯的金属壳体要求有专用的接地端子。

（2）专设接地干线，接地干线沿灯具布置要形成环形网，且不少于 2 处与接地装置的引出干线相连接，金属灯柱和每套灯具的专用接地端子用支线与接地干线相连接，连接处防松垫圈齐全，并拧紧固；并要注意防水、防锈，做好接地标识。

（3）应选用防水型灯具和使用防水接线盒。

（4）在大的庭园内要注意敷设重复接地极，每套灯具熔断器（熔丝）应与灯具适配。

十三、景观照明灯具无护栏且未可靠接地

1、现象

（1）景观照明灯的导电部分对地绝缘电阻小于 2MΩ，灯具的裸露导体及金属软管接地不可靠。

（2）人员来往密集场所无围栏防护的落地式灯具安装高度距地面小于 2.5m。

2、危害及原因分析

（1）危害

1）景观照明灯具的绝缘强度不够，裸露导体及金属软管未可靠接地，存在安全隐患。

灯具的裸露导体接地不良，灯具的带电部分绝缘老化而漏电，使金属导体带电，接地系统起不到保护的作用，人身接触可能发生触电事故。

2）落地式景观照明灯具的安装高度距地面小于 2.5m 时，人体容易碰触到灯具，造成灼伤及发生触电事故。

（2）原因分析

1）不熟悉规范要求。一般场所要求线路绝缘电阻为大于 0.5Ω，而景观照明灯具的导电部分对地绝缘电阻值按规范要求应大于 2Ω，因此应特别予以注意。

2）安全意识不强。随着城市美化，建筑物立面反射灯应用众多，有的由于位置关系，灯架安装在人员来往密集的场所，或易被人接触的位置，因而要有严格的防灼伤和防触电的措施。

3）设计图纸未明确，施工人员贪图方便，节省工时。

3、防治措施

（1）灯具进场时，必须进行严格的审查，保证使用合格的产品；应正确选用带有专用接地螺栓的灯具；设备安装完，进行绝缘、接地电阻测试，不符合要求的必须进行更换、整改。对景观照明灯具的导电部分须进行对地绝缘电阻测试，其绝缘电阻值应大于 2MΩ。

（2）在人员来往密集场所，对于无围栏防护的落地式灯具、安装高度距地面应该高于 2.5m，对安装高度无法达到时，增加防护栏。

（3）金属构架和灯具的可接近裸露导体及金属软管的接地应可靠，且做好接地标识。

十四、航空障碍标志灯不符合要求

1、现象

（1）航空障碍标志灯未按设计要求选用合适的型号。

（2）航空障碍标志灯的外露支架等金属物未接地。

（3）建筑物的最高处未安装航空障碍标志灯。

2、危害及原因分析

（1）危害

1）未按设计要求选型，不能达到设计的效果，不能保障航空飞行安全。

2）灯具、外露支架等金属物无可靠接地容易遭受雷击。

3）最高点没有安装航空障碍标志灯，不能起到标志作用，可能会出现误导而发生碰撞事故。

（2）原因分析

1）对航空障碍标志灯的功能、作用不了解，灯具型号选错。

2）未认真审阅图纸，未做技术交底。

3）未按图施工。

3、防治措施

（1）按设计要求选购合适的型号；注意依据建筑物具体高度，选用合适的光强及颜色。

（2）航空障碍标志灯一般安装在建筑物的顶部，最容易遭受雷击，一定要与避雷带等接地网可靠连接，应把灯具置于防雷设施的保护下。

（3）施工前预审图纸，结合土建与电气专业的图纸，在建筑物最高点设置航空障碍标志灯，建筑物是建筑群时，除在最高端装设灯具外，应在其外侧转角的顶端分别装设灯具。

十五、储油室灯具及管线不符合防火要求

1、现象

柴油发电机储油间的照明灯使用一般灯具；接线盒未按设计要求选用；电线、电缆额定电压低于 750V，错误使用 PVC 管以及管口未密封处理。

2、危害及原因分析

（1）危害

由于油气的挥发，储油间可能充满油气。若使用普通灯具、普通开关。当开关接通，灯具点燃时易出现电火花，极易造成火灾。灯具的防火等级未达要求，在油气的浓度达到一定值，可能会导致储油间爆炸。

爆炸和火灾危险环境中的电气线路使用的接线盒、分线盒等连接件，如果选型不当，可能产生电火花或高温而引起爆炸。

在储油间的电线、电缆额定电压低，线管连接口不符合要求，存在安全隐患。

（2）原因分析

1）不熟悉规范要求，把储油间按普通场所对待，未考虑储油间可能散发的油气。

2）未认真审阅图纸，未按图纸施工。

3）灯具、管线选错型号，未按设计要求选用合适的产品。

3、防治措施

（1）在储油间，所选用灯具的防火、防爆等级应符合设计和规范要求，防止油气挥发可能导致的火灾或爆炸。

（2）爆炸和火灾危险环境中的电气线路使用的接线盒、分线盒等连接件的选型，是根据具体环境而设计的，如储油间灯具选用防爆灯，则其电气管路、接线盒、分线盒等连接件均应按要求选用合适的产品。

（3）在储油间所采用的电线和电缆额定电压高于或等于 750V，且电线必须穿于钢导管内，施工安装时应按照设计要求选用符合要求的连接件。在储油间的线路出入口应做好密封封堵。

十六、游泳池灯具电源线管使用金属线管

1、现象

游泳池引入灯具的电源导管使用金属导管。

2、危害及原因分析

（1）危害

游泳池引入灯具的导管使用金属导管，容易引入危险电压，引起触电事故。

在游泳池的水中活动，人的身体浸在水里，皮肤与人体电阻降低，是易受电击的特殊危险活动场所，绝对不能存在危险电压，如果使用金属导管，容易引入危险电压，引起触电事故。

（2）原因分析

1）施工人员不熟悉规范要求。

2）未按图纸施工。游泳池是用电特殊危险场所，无安全用电措施，未按要求预埋线管。

3、防治措施

游泳池用电及接地措施关系到人身安全，施工时必须高度重视，严格按规范和设计要求进行电气线路和等电位联结的施工，引入灯具的线管应使用 PVC 绝缘导管。

应做好隐蔽工程施工、验收和工序交接工作，确保使用安全。

十七、灯具安装偏差过大

1、现象

（1）灯位安装偏位，不在中心点上。

（2）成排灯具的水平度、直线度偏差较大。

（3）顶棚吊顶的筒灯开孔太大，不整齐。

2、危害及原因分析

（1）危害

1）灯位安装偏位，不在中心点、灯具的水平度、直线度偏差较大、顶棚吊顶的筒灯开孔太大，不整齐等都影响机房的整体照明效果和美观。

2）施工不规范导致工程质量观感较差。

（2）原因分析

1）预埋灯盒时位置不准确，有偏差，安装灯具时没有采取补救措施。

2）筒灯开孔时没有定好尺寸、圆孔直径不统一等。

3）施工人员责任心不强，对现行的施工及验收规范、质量检验评定标准不熟悉。

3、防治措施

（1）在预埋灯盒时要定好位置，即使事后有偏差，在安装灯具时要采取补救措施。

（2）筒灯开孔时要根据规格定好尺寸、圆孔直径要统一。

（3）成排安装的灯具，光带要按照预先设定好的尺寸进行施工要做到平直、整齐、美观。

（4）对施工人员进行必要的培训，熟悉相关施工规范使之规范施工。

十八、引向灯具导线截面积略小

1、现象

（1）引向灯具的导线截面积小于 $0.5mm^2$。

（2）导线进出灯具金属壳体的穿孔处，无保护措施。

2、危害及原因分析

（1）危害

1）引向灯具的导线截面积小于 $0.5mm^2$ 时，因为灯具使用频率高、部分灯具启动电流大，难以保证线路有足够大的电流，造成线路发热，绝缘老化，甚至短路，同时不能保证线路能承受一定的机械应力、可靠地安全运行。

2）导线在进出金属壳体处，无保护措施，易割伤绝缘层，使线路绝缘强度不符合要求，造成漏电或短路。

（2）原因分析

1）引向灯具的导线截面积小，是由于安装人员不熟悉规范规定，贪图节省材料所致。

2）导线进出灯具金属壳体的穿孔处无保护措施，是由于施工不认真、安全意识差、检查不到位。

3、防治措施

（1）引向灯具的导线截面积应不小于规范规定，如表 3-12 所示。

（2）为了保护线路的绝缘层，导线在进出金属灯具壳体处，应有穿管等保护措施。引向灯具的导线与灯具本体所配的导线应可靠连接。

表 3-12　导线芯线的最小截面积（mm^2）

灯具安装的场所及用途		线芯最小截面积		
		铜芯软线	铜线	铝线
灯头线	民用建筑室内	0.5	0.5	2.5
	工业建筑室内	0.5	1.0	2.5
	室外	1.0	1.0	2.5

第六节　备用和不间断电源

一、不间断电源规格型号及布线不规范

1、现象

不间断电源的规格型号不符合设计要求，设备进出线布线凌乱、电线颜色混乱，电线、电缆无保护。

2、危害及原因分析

（1）危害不间断电源的规格型号不符合设计要求，将不能按设计所预期的要求工作，如电流小、电压低、电压不稳定等。布线凌乱、电线颜色混乱影响运行、维护，甚至引发故障；电线、电缆无保护容易损坏绝缘保护层，影响使用，难以保证由其供电的设备可靠地运行。

（2）原因分析

现行国家标准《不间断电源设备（UPS）第3部分：确定性能的方法和试验要求》（GB/T 7260.3）中规定，不间断电源由整流装置、逆变装置、静态开关和蓄电池组四个功能单元组成，由制造厂以柜式出厂供货，有的组合在一起，容量大的分柜供应，安装时基本与柜盘安装要求相同。但有其独特性，即供电质量和其他技术指标，是由设计人员根据负荷性质对产品提出特殊要求，因而对规格型号的核对和内部线路的检查非常重要，一定要满足设计要求。

不间断电源的规格型号不符合设计要求，产生原因是施工方采购不间断电源时未认真核对设计文件、对产品技术参数不熟悉或贪图便宜，采购不符合要求的设备。布线凌乱、电线颜色混乱、线路无保护是由于安装人员不熟悉规范规定、随意施工。

3、防治措施

（1）向生产厂家提供相应的技术指标，不间断电源的规格、型号必须符合设计要求，内部布线规范、整齐，符合规范规定。

（2）设备进场应进行严格的检查验收。

（3）线路均应穿管或线槽敷设，不应有裸露的电线、电缆。电线颜色符合规范规定。

二、不间断电源的接地不规范

1、现象

不间断电源输出端的中性线未按照规范要求做重复接地；不间断电源装置的外侧金属物未接地。

2、危害及原因分析

（1）危害

不间断电源输出端的中性线如未接地，或与原供电系统的接地不一致，不能正常供电，甚至损坏由其供电的用电设备；金属物未可靠接地会有安全隐患。

（2）原因分析

需要设置不间断电源的场合，一般是重要的场所，是不能停电的，对供电的可靠性要求高，安装的不间断电源一定要可靠，接地系统的接地应与原供电系统一致；不间断电源装置的外侧金属物未可靠接地，存在触电的隐患。

不间断电源一般由智能建筑的施工单位安装，其输出端的中性线不做重复接地、金属物未接地是因为安装单位不熟悉规范规定，仅凭以往经验施工，而设备安装、使用说明书中又无此规定。

3、防治措施

（1）不间断电源输出端的中性线（N极）通过接地装置引入干线做重复接地，有利于遏制中心点漂移，使三相电压均衡度提高，同时当引向不间断电源供电侧的中性线意外断开时，可确保不间断电源输出端不会引起电压升高而损坏由其供电的重要用电设备，以保证整栋建筑物的安全使用。

不间断电源的中性线必须与接地干线的引出线直接连接。

（2）不间断电源装置的外侧金属物均应可靠接地。

（3）不间断电源安装前应认真进行技术交底，按照制造厂提供的安装说明书和规范要求进行安装、接线，投入运行前，必须进行交接检查验收，经安装单位现场技术负责人和监理工程师检查、确认合格、签字认可。

三、不间断电源运行时噪声大

1、现象

不间断电源运行时噪声大。

2、危害及原因分析

（1）危害

不间断电源运行时噪声大，既影响设备的运行，又制造了噪声污染。

（2）原因分析

产生的原因是设备本身噪声超标或接线端子、安装螺栓（母）松动。

不间断电源运行时的噪声要控制在合理的范围内，既考核产品制造质量，又维护了环境质量，有利于保护工作人员、值班人员的身体健康。

3、防治措施

（1）必须购买合格设备（符合噪声指标）。

（2）不间断电源安装完毕、投入运行前对接线端子、安装螺栓（母）全部进行检查，将未紧固好的螺栓（母）重新紧固。

（3）不间断电源运行时的噪声，应使用合适的仪器进行现场检测，结果应符合国家规范规定，既是对产品质量的要求，以利于保护环境及变配电工作人员的身体健康。

四、不间断电源接地连接不规范

1、现象

（1）输出端的中性线（N极）未重复接地。

（2）不间断电源附近在正常情况下不带电的导体未做可靠的保护接地连接。

2、危害及原因分析

（1）危害

1）当引向不间断电源供电侧的中性线意外断开时，不间断电源输出端将因电压升高而损坏由其供电的重要用电设备。

2）当电气设备的绝缘损坏时，外露导体可能导电造成人身电击事故。

（2）原因分析

1）施工过程中偷工减料。

2）对接地安全防护措施的重要性认识不够。

3、防治措施

（1）按照规范要求将不间断电源输出端的中性线（N极）通过接地装置引入干线做重复接地。

（2）将电气设备的外露可接近导体部分按规范接地，限制金属外壳对地电压在安全电压内。

五、柴油发电机接地不规范

1、现象

发电机中性线（工作零线）未直接与接地干线相连接，而是通过发电机基础槽钢串联连接，防松件不齐全；发电机本体和机械部分等金属物未可靠接地。

2、危害及原因分析

（1）危害

1）发电机中性线通过发电机基础槽钢串联连接，将导致中性点接地不可靠，会造成供电不正常、存在安全隐患。

2）发电机本体和机械部分等金属物未可靠接地，当发电机运行供电时，若发生接地故障，保护电路不能正常动作，危及人身安全。

（2）原因分析

1）在安装前未做技术交底；主体施工时未预留接地引出点，从其他地方引接地线有困难，在联动切换柜内的接地不可靠。

2）柴油发电机组一般由设备供应商负责安装、调试，有的安装人员不熟悉接地的基本要求，不知道有关标准和施工验收规范的规定，或贪图方便、认为只要接地就可以了，而将发电机中性线通过基础槽钢串联连接。

3）发电机本体和机械部分等金属物未可靠接地，是由于安装人员不熟悉规范规定或工作马虎、检查不认真。

4）未做交接验收。

3、防治措施

（1）在发电机安装前，应加强针对接地系统的技术交底。

（2）发电机中性线（工作零线）应直接与接地干线相连接，不应通过基础槽钢串联连接，且防松件应齐全。

（3）发电机本体和机械部分等金属物应可靠接地。要注意接地连接应使用软性连接，螺栓连接处必须有防松措施，避免受发电机振动部分的影响使连接处松动。

（4）在发电机试运行前，应由安装单位对发电机接地系统自检合格，经监理工程师检查通过后方可试车。

六、柴油发电机组质量常见问题

1、柴油发电机组不能启动

（1）原因分析

1）柴油机不能转动或旋转无力。

①蓄电池电力不足，接线柱与导线接触不良；②启动电机电刷与整流子接触不良，电刷磨损，弹簧压力不足；③启动电动机轴承磨损过大；④电枢与激磁线圈短路；⑤启动按钮损坏、接触不良，继电器短路（断路）、接触不良。

2）启动电动机上的齿轮与飞轮齿圈咬合不上，启动电机离合片扭矩不够，其原因可能是启动电机齿轮钢套松脱、传动齿杆折断、与柴油机齿圈中心线不平行。

3）排气管无烟或有时冒小股烟

①无燃油；②燃油管路有水分，油内有水；③喷油嘴阻塞，喷油压力太低，滤清器阻

塞；④喷油时间过迟或过早；⑤燃烧室内积油太多。

4）排白色浓烟，但不能启动

①气温太低，预热不充分；②供给系统管路中有空气；③喷油嘴质量不好；④进气量不足。

（2）防治措施

1）更换电力充足的蓄电池或增加蓄电池并联使用，清理接线柱并涂凡士林，紧固接头。

①擦净整流子表面，修理或更换电刷，调节弹簧压力或更换弹簧；②更换轴承；③排除短路；④修理与更换。

2）增加离合器垫片，检修钢套，更换齿杆，重新安装调整。

3）添加燃油或打开关闭的油箱阀门；检修漏气处并排除水分，排出油箱底部杂质和水检修；清洗喷油嘴，清洗滤清器；调好喷油提前角度；排尽积油。

4）按低温环境下的电站起动要求操作，使用低温蓄电池，充分预整机、预热进气等；检修漏气部位，排除系统内空气；清理或更换；排除空气滤清器的堵塞。

2、工作不平衡，时有间断爆发

（1）原因分析

1）各缸供油量不均匀、喷油间隔角不一致、喷油泵体内零件损坏或卡住，各缸压缩力不一致。

2）燃油质量不好或油中有水。

3）燃油供给系统漏气，冷却水漏入气缸。

4）调速器工作不正常。

5）气门间隙不对。

（2）防治措施

1）检查各缸工作情况并调整，检修（更换）密封件、泵体内调整杆、弹簧等零件。

2）必要时更换燃油。

3）检查裂纹或连接不紧密处，排除空气，更换已损坏的零件。

4）调整修理。

5）检查调整。

3、发生敲击现象

（1）原因分析

1）喷油提前角过大。

2）气门、连杆轴承、曲轴主轴承、齿轮轴、活塞鞘等处间隙过大。

（2）防治措施

1）调整喷油提前角。

2）调整气门连杆轴承、曲轴主轴承、齿轮轴、活塞鞘等处间隙，更换已磨损的零件。

4、功率不足

（1）原因分析

1）供油量不足。

①燃油滤清器或输油管受阻。

②喷油泵、喷油嘴零件磨损严重，压力不够。

2）空气滤清器堵塞。

3）喷油提前角不正确。

4）柴油机转速太低。

5）气门弹簧损坏。

6）气缸压缩不良。

（2）防治措施

1）清洗、检修更换磨损件，调整喷油压力。

2）调整调速器弹簧弹力。

3）检修、调整气缸套、垫、盖、活塞环、气门及相关零件间隙，拧紧连接螺钉或更换已损坏的零件。

5、机油无压力或压力不足

（1）原因分析

1）油壳中机油过少，机油过稀。

2）油压表等失灵。

3）油道进气、受阻，或机油压力调节器的油门阻塞、弹簧折断。

4）机油泵齿轮、各轴瓦等间隔太大。

5）油管接头不紧，油道有裂纹。

（2）防治措施

1）加注机油或更换。

2）清洗油管、检查电路，更换损坏的仪表等。

3）清洗油道、油门，更换清洁机油，更换损坏了的零件。

4）调整间隙，更换已磨损的齿轮或轴瓦。

5）检修油管、油道；紧固或更换油管接头。

6、机油耗量太大

（1）原因分析

1）活塞与气缸等处间隙增大。

2）活塞环胶结、装反或损坏。

3）机油压力过高。

4）柴油机温度过高。

5）油管漏油。

（2）防治措施

1）更换活塞等磨损件。

2）清洗、调整或更换活塞环。

3）调整压力调节器，检修有故障的压力表，更换粘度太高的机油。

4）加强冷却，提高散热效率。

5）紧固接头。

7、柴油机温度过高

（1）原因分析

1）冷却水量不足或存在漏水。

2）散热功能差。

3）长期超负荷运行。

4）水温表等失灵。

5）机油黏度太高，润滑不良。

（2）防治措施

1）加冷却水，清洗或检修冷却系统。

2）排除漏水，清除散热器上的污物。

3）降低柴油机负荷。

4）更换水温表。

5）更换机油。

8、排烟不正常

（1）原因分析

1）排黑烟（燃烧不良）

①负载过大；②柴油质量差；③各缸供油量不同；④喷油器滴油或雾化不良；⑤喷油时间过晚；⑥空气滤清器阻塞。

2）冒白烟（燃烧室温度太低）

①柴油机预热不够；②燃油内有水，气缸垫密封不严等；③喷油时间太早；④气缸压缩不良。

3）冒蓝烟（气缸内有机油燃烧）

①空气滤清器等处加机油太多；②活塞、活塞环磨损过多，零件配合间隙过大。

（2）防治措施

1）减轻负载，适当调整减速器；更换喷油器磨损件；调整喷油提前角；清洗气缸。

2）预热，并逐渐增加负载；更换燃油、更换防水圈，或改善密封性能；调整喷油提前角。

3）放出多余机油；检修、更换活塞、活塞环，调整有关零件的配合间隙。

9、飞车

（1）原因分析

1）调速器工作不正常，齿杆卡死在最高速位置。

2）供油量过大。

3）柴油中混入汽油。

（2）防治措施

1）检修调速器，检修、清洗齿杆

2）减少供油量。

3）更换燃油。

10、突然停车

（1）原因分析

1）断油。

2）连杆轴瓦与曲轴咬死。

（2）防治措施

1）添加燃油或疏通油路。

2）检修或更换，连杆轴瓦与曲轴，改善润滑效果。

七、固定型铅酸蓄电池质量常见问题

1、电池容量降低

（1）现象

1）电池容量逐渐降低。

2）电池容量突然降低。

3）电池效率很差。

4）充电末期冒泡不剧烈。

5）经多次充放电循环后仍达不到额定容量。

（2）原因分析

1）初充电不足或长期充电不足。

2）电解液密度低、温度低。

3）局部作用或漏电。

4）电解液使用过久，有杂质。

5）极板硫化，隔板电阻大。

6）存在短路，正极板已损坏，负极板已收缩。

7）电表未校正好。

8）长期浮充未进行放电，活性物质凝结，极板钝化，电池性能衰退。

（3）防治措施

1）均衡充电并改进运行方式。

2）调整电解液密度及室温。

3）清洁以加强绝缘。

4）更换电液。

5）清除硫化，调换隔板。

6）查明原因并消除。

7）校正电压表。

8）进行几次充放电，必要时过放过充一次，今后应定期放电。

2、电池电压异常

（1）现象

1）开路电压低，充放电时电压低。

2）少数电池比一般的低或高。

3）电压大大下降。

4）充电（放电）时，电压上升（下降）很快。

5）电压过高。

（2）原因分析

1）存在短路。

2）落后电池未及时纠正造成反极。

3）极板硫化或接头接触不良。

4）过放电。

5）极板大量脱粉或正极板断裂。

6）电压表未校正好。

7）长期浮充未进行放电，活性物质凝结，性能衰退，极板钝化。

（3）防治措施

1）消除短路。

2）均衡充电。

3）消除硫化，旋紧或焊接好接头。

4）更换或修补极板。

5）校正电压表。

6）进行几次充放电，定期过放过充。

3、电液温升

（1）现象

1）初充电前（注入电液后）电液温度下降。

2）正常充放电时液温升高。

3）个别电池温度比一般高。

（2）原因分析

1）负极板已氧化。

2）充电时电流太大或内部短路。

3）室温高，无降温设施。

4）极板硫化。

5）温度表未校正。

（3）防治措施

1）浸酸后不降温宜用小电流充电。

2）减小正常充电电流或消除短路。

3）添置降温设备。

4）消除极板硫化。

5）校正温度表。

4、电池电液不清

（1）现象

1）呈青绿色。

2）呈微红色。

3）有气味或初充电时电液表面有泡沫。

4）浑浊不清。

（2）原因分析

1）极板干燥时可能直接用炭火。

2）电液中可能含有锰或铁。

3）电液不纯或木隔板处理不当。

4）极板脱粉，盖板未盖好落入灰尘等杂质。

（3）防治措施

1）改进运行方式，盖好盖板，必要时更换隔板。

2）如电液杂质过量应更换电液。

5、电池冒气异常

（1）现象

1）冒气小或冒气太早。

2）少数不冒气。

3）放电时冒气。

4）浮充时冒气严重。

（2）原因分析

1）充电电流太小、太大。

2）内部短路。

3）极板硫化。

4）充电后未搁置即放电。

5）电液使用过久有杂质。

（3）防治措施

1）改正充电电流数值。

2）消除短路。

3）消除硫化。

4）充电后搁置一小时左右再放电。

5）更换电液。

6、电液密度异常

（1）现象

1）充电时密度上升小或不变。

2）浮充时密度下降。

3）搁置时密度下降过大。

4）放电时密度下降过大。

5）电液上、下层密度不一。

（2）原因分析

1）电液中有杂质。

2）浮充电流过小。

3）自放电或漏电。

4）极板硫化。

5）长期充电不足。

6）加水过多，或加了浓硫酸未混合均匀。

7）密度表未校正。

（3）防治措施

1）更换电液。

2）加大浮充电流。

3）清洁以加强绝缘。

4）消除硫化。

5）均衡充电并改进运行方式。

6）充电结束前 2 小时调整密度。

7）校正密度表。

8）上、下层密度不一，应进行充电。

7、电池极板变白

（1）现象

1）容量降低，密度下降，沉淀物为白色。

2）充电期间电压高过 2.85V。

3）放电时电压下降快。

4）充电不久即冒泡或未充时也冒泡。

5）电液温升高，极板表层硬而粗糙。

6）极板背梁上有白色结晶，极板表面有白斑白点甚至满面都白。

（2）原因分析

1）电液浓度过高、温度高或不纯。

2）电液液面低，使极板外露。

3）初充电不足或经常充电不足。

4）未按时充电或长期充电不足。

5）经常过放电。

6）内部短路或漏电未及时消除。

7）长期处于半放电或放电状态。

（3）防治措施

视硫化程度的轻重，用过充电法、反复充放法或水处理法消除硫化。

8、电池极板弯曲开裂

（1）现象

2）极板弯曲。

3）有裂纹。

4）活性物质部分脱落。

（2）原因分析

1）涂膏不匀或运输保管中局部受潮或安装不当。

2）过量放电，内部硫酸铅膨胀，大电流充放电，各部分作用不均。

3）高温放电作用深入内部膨胀。

（3）防治措施

1）改进运行方式，充电后取出，用同面积木板压平，严重者更换极板。

2）增添降温设施。

9、电池膨胀脱粉

（1）现象

1）容量降低。

2）板栅在长度或宽度上伸长或弯曲。

3）负极板膨胀或呈瘤状。

4）沉淀多，电液浑浊。

（2）原因分析

1）充放电电流大，过量充放电，长期过放电，放电时外电路发生短路。

2）电液不纯或温度高。

3）极板硫化或已腐蚀断裂。

（3）防治措施

1）改进运行方式。

2）查电液及温度高的原因并消除，增添降温设施，舀出沉淀。

3）消除硫化，修补或更换极板。

10、电池腐蚀断裂

（1）现象

1）板栅腐蚀断裂。

2）大量脱粉。

3）容量下降。

4）电液浑浊，沉淀多。

（2）原因分析

1）极板用前已有裂纹或疏松缩孔。

2）电液不纯、密度大或温度高。

3）过量充放电或经常充电不足。

4）使用未处理过或处理不当的水隔板、木隔棍。

（3）防治措施

1）焊接修补或更换。

2）调整电液密度，增添降温措施，必要时更换电液。

3）改进运行方式并舀出沉淀。

4）换用合格的隔板及隔棍。

11、电液沉淀变硬

（1）现象

1）沉淀由粉状片状变成大块状。

2）舀沉淀时舀不动。

3）极板与铅衬之间一极为 0，一极几乎等于端电压。

4）铅衬呈褐色，铅弹簧呈浅灰色。

（2）原因分析

1）沉淀物已触及极板。

2）极板间有铅渣或其他导电物。

3）极板间有铅渣或其他导电物，且玻璃挂板太矮，极板与铅衬相碰。

4）个别极板弯曲伸长碰到沉淀。

5）铅弹簧脱位，碰到极板及铅衬。

6）铅衬邻近两槽相碰。

（3）防治措施

1）舀出沉淀或取出极板彻底清除。

2）换挂板，或在挂板下垫铅皮或耐酸塑料条。

3）消除极板间的铅渣或导电物。

4）纠正铅弹簧的位置。

5）隔开或除去相碰物。

12、电槽破裂

（1）现象

1）有电液渗出或漏出。

2）槽中电液下降很快。

3）蓄电池组绝缘下降。

4）漏酸处的木架发生碳化。

（2）原因分析

1）电槽本身质量不好。

2）安装不平，一边重一边轻。

3）铅皮或焊缝上有砂眼。

4）铅皮底部四角悬空，槽形垫太长，头尾压在角上的悬空处，把铅衬压破裂。

（3）防治措施

1）调换或修补电槽。

2）填平放稳。

3）排除短路。

4）切短槽形垫，放在边上居中的位置。

13、电池内部短路

（1）现象

1）开路电压低。

2）容量下降。

3）充电时电压上升少，甚至不变。

4）电液温度比一般高。

5）充电时密度上升少，甚至不变。

6）放电时电压下降快。

7）不冒气或出现很晚。

8）极板有硫化现象。

（2）原因分析

1）导电物落在极耳或极板之间。

2）极板弯曲相碰，隔板已坏。

3）脱粉较多，沉淀已碰到极板。

4）铅弹簧位移碰极板、铅衬。

5）电液不纯。

6）极板上生毛使正负极板相连。

7）电液过浓或温度过高使隔板腐坏。

（3）防治措施

1）除去导电物。

2）用同面积木板压平，更换隔板。

3）舀出沉淀。

4）纠正弹簧位置。

5）检查电液，不合格时应更换。

6）清除极板四周的毛状物。

7）调整密度、降温或更换隔板。

14、电池接点损坏

（1）现象

1）连接条或极柱烧熔。

2）连接条或极柱发现裂纹、脱焊或腐烛。

3）连接条或极柱发热。

4）电压低，电流小，甚至没有电流。

（2）原因分析

1）充电或放电电流太大。

2）焊接不良；制造质量不好。

3）受电液腐蚀。

4）短路。

（3）防治措施

1）改小电流。

2）焊接或更换。

3）刮掉腐蚀物，涂凡士林油加以保护。

4）排除短路，定期整洁。

八、移动型铅酸蓄电池质量常见问题

1、电池极板硫酸化

（1）现象

1）电池容量降低。

2）电液密度下降，低于正常值。

3）充电时电压上升很快、电压过高 2.8～3.0V；放电时电压下降太快。

4）充电时过早产生气泡或一开始充电就产生气泡。

5）充电时电液温度上升超过 45℃。

6）硫酸铅结晶粗大，在一般情况下不能复原成二氧化铅或绒状铅。

（2）原因分析

1）初充电不足、中断；长期充电不足。

2）已放电或半放电状态的电池放置时间过久，未能按时充电。

3）经常过量放电；放电电流过大或过小。

4）所用电液密度超过规定数值或随意加入硫酸。

5）电液面低落，使极板上部硫化。

6）电液不纯；内部短路，漏电。

（3）防治措施

1）给以全充全放，使活性物质复原。

2）消除硫化。

3）不过放电等。

4）电液密度不要超过规定数值。

5）补充电液使其液面高于极板顶部。

6）更换极板、电液等。

2、电液浑浊

（1）现象

1）充电时各个电池电压很低，但充电过程中电压都均匀上升。

2）充电时各个电池电压很低，但冒气太早。

3）电液颜色、气味不正常，浑浊且有沉淀。

4）自放电情况严重。

5）充足电后放置，电压降落很快。

6）容量减少。

7）产生局部作用。

（2）原因分析

1）电液不纯、极板活性物质脱落、木隔板处理不当。

2）充放电电流过大。

（3）防治措施

1）彻底冲洗内部，更换新电液，必要时更换隔板或极板。

2）注意掌握充放电电流及温度。

3、电池内部短路

（1）现象

1）充放电时电压低。

2）充电末期冒气较少或较晚。

3）充电时电液温度上升快，温度较正常蓄电池高。

4）充电时电液密度不上升或几乎无变化。

5）放电时电压降低至终止电压值太早。

6）开路电压很低。

（2）原因分析

1）极板上活性物质膨胀或脱落，而且隔离物损坏。

2）极板弯曲，隔离物损坏。

3）电液密度太高，使隔离物损坏。

4）沉淀物太多。

5）其他导电物落入电池内或两极板之间。

（3）防治措施

1）更换极板。

2）将极板取出设法压平。

3）更换新隔板。

4）清除沉淀物。

5）去除落入的导电物体。

4、活性物质脱落

（1）现象

1）电液内发现沉淀，电液浑浊不清。

2）电池容量减少。

（2）原因分析

1）电池使用期限已满。

2）极板质量不好，电液质量不好。

3）充放电过于频繁或过充过放。

4）充电时，电液经常过热。

5）放电时，外电路发生短路。

（3）防治措施

1）沉淀物过多者，必须换新极板。

2）沉淀物少者，可以清除后继续使用（正确使用）。

5、电池封口破裂

（1）现象

1）气密性差。

2）电液由封口处溢出。

（2）原因分析

1）封口剂配方不当。

2）电池在过冷过热环境中使用，运输储存不当，将电池倒置或撞击。

（3）防治措施

用烧热金属烙铁或用火焰烫熔封口剂的裂纹，用废电池上的封口剂来熔化封补。

6、电池电压不平衡

（1）现象

个别电池与其他电池的极性接错，在全组电池内促使总电压降低。

（2）原因分析

1）未及时发现有故障电池。

2）为了得到较低电压仅使用一组中几个电池，充电时极性接错。

（3）防治措施

去除故障电池加以修理；单独充电使全组电池平衡。

第七节　防雷及接地

一、接地装置材质、规格及设置不规范

1、现象

（1）接地装置的材料品种选择不当；钢材不是热浸镀锌产品；材料的规格、尺寸（厚度或直径）小；接地体（极）间距大，连接工艺不符合要求。

（2）接地装置未按设计要求（点数和位置）设置测试点。

（3）防雷接地的人工接地装置在经人行通道处的埋设深度不够。

（4）接地线（PE）的截面积偏小。

2、危害及原因分析

（1）危害

1）如果接地装置材质（如镀锌圆钢、扁钢、角钢、钢管）选择不当，如设计要求为热浸镀锌圆钢，但施工时却选用一般的非热浸镀锌钢材，使用一般的圆钢，甚至螺纹钢；尽管现场做了防腐处理，由于条件的限制，达不到热浸镀锌的防腐效果。不符合设计要求，将降低了所选用材料的标准，缩短了使用寿命。

同理若所选用的材料小于允许规格，将达不到设计的预期效果和寿命。圆钢直径、扁钢厚度不够，直接影响雷电电流的流通，当建筑物遭受雷击时，会造成人员伤亡和财产损失。

接地极的间距不当，如间距过大时，疏散电流慢，接地电阻达不到设计要求；如间距

过小，浪费多余的材料。

连接工艺不符合要求，也达不到设计的效果和使用寿命。

2）接地装置未按设计要求（点数和位置）设置测试点，使用、维护、测试不方便。

3）防雷接地装置在经过人行道处的埋设深度不够，可能由于雷击电流散流时造成跨步电压太高，对行人造成伤害。

4）接地线的截面积偏小，影响雷电流向大地散流，或对地故障短路电流流通，同时也影响工程寿命。

（2）原因分析

1）未按设计要求选择热浸镀锌产品，未按设计要求设置防雷网格，未用熟练的操作人员，未认真进行技术交底，偷工减料。

2）施工人员认为避雷引下线利用柱内钢筋，则整个建筑物的钢筋已统一接地，没必要再预留测试点。

3）未按图施工或节省工时。

4）为了节省材料，接地线（PE）的截面积选用较小的导体。

3、防治措施

（1）选用接地材料的品种、材质、规格、尺寸要符合设计要求和相应材料的国家标准。

如设计上选用的钢材为热浸镀锌扁钢（圆钢），就不要用角钢或钢管来代替，更不允许选用冷镀锌的产品。

表 3-13　PE 线最小截面

相线芯线截面 S（mm^2）	FE 线最小截面（mm^2）
$S \leqslant 16$	S
$16 < S \leqslant 35$	16
$S > 35$	$S/2$

注：当采用此表看得出非标准截面时，应选用与之最接近的标准截面导体。

在选用、定货和材料进场验收时，可简单地辨别接地装置的钢材是否为热浸镀锌钢材：镀锌钢材有热镀锌和冷镀锌两种，经过热浸镀锌的金属材料，其镀锌层较冷镀锌沾接金属表面的强度大，耐腐蚀性能强，但镀锌层表面有锌瘤及锌结晶花纹，表面较显粗糙。冷镀锌金属表面镀锌层光泽眩目，金属表面光滑，抗腐蚀性较差。

材料的规格、尺寸（厚度或直径）要符合设计要求和规范规定。根据接地装置敷设的场合（地点），设计上所选用的材料，规格、尺寸必须满足规范规定。

防雷接地装置的人工接地装置的接地干线埋设，应先沿接地体（极）的线路开挖接地体（极）沟，接地体（极）沟验收合格后，再打入接地体（极）和敷设连接接地体（极）

的接地干线，做好工序交接记录、隐蔽工程验收记录，前一道工序未经验收合格，不得进行下一道工序。

接地体（极）的间距应按设计的要求施工，位置应正确，才能达到设计的快速疏散雷电流的效果。

（2）人工接地装置或利用建筑物基础钢筋的接地装置，必须在地面以上按设计和规范要求的位置设测试点。

在主体施工时，若避雷引下线利用柱子钢筋，按设计要求的位置（如果设计不明确，可在室外距地面500mm处），于建筑物的四个角焊出接地电阻测试端子，其盒子和接地测试点作法如图3-33所示。

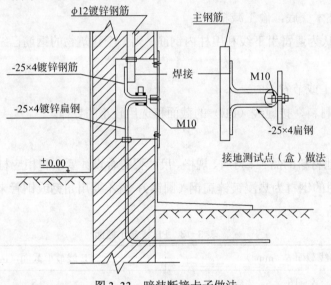

图3-33 暗装断接卡子做法

（3）防雷接地的人工接地装置的接地干线埋设，在设计阶段或在施工时，一般尽量避免防雷接地干线穿越人行通道，以防止雷击时跨步电压过高而危及人身安全。如果无法避开，需要穿越人行通道，接地干线的深度应符合规范要求，即经人行通道处埋地深度应大于等于1m，且应采取均压措施或在其上方铺设卵石或沥青地面。

（4）选择接地干线的截面积时，要注意符合设计和规范要求。

二、接地体搭接长度不够

1、现象

接地体搭接长度不够；没有按要求焊接。

2、原因分析

施工人员不按规范施工，操作马虎。

3、防治措施

（1）扁钢搭接长度应是宽度的 2 倍，焊接两长边、一短边。

（2）圆钢为其直径的 6 倍，且至少两面焊接。

（3）圆钢与扁钢连接时，其长度为圆钢直径的 6 倍。

（4）扁钢与钢管、角钢焊接时，除应在其接触部位两侧焊接外，还应由扁钢弯成的弧形（直角形）卡子或直接由扁钢本身弯成弧形（直角形）与钢管或角钢焊接（如图 3-34）。

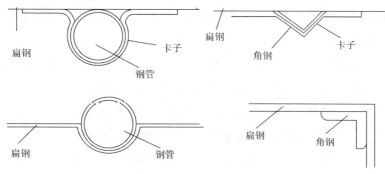

图 3-34　扁钢与钢管、角钢焊接

三、接地线安装固定不牢固

1、现象

（1）变配电室内沿墙敷设接地干线的高度＜250mm，支持点间距大且贴墙面安装，接地线标识不明。

（2）接地装置搭接焊的搭接长度和搭接面面数不够；搭接面不平、焊缝粗糙。

（3）玻璃幕墙、栏杆、门窗等外墙上的金属物未就近与接地干线连接，不同金属间无防电化腐蚀措施。

2、危害及原因分析

（1）危害

1）变配电室内接地线的支持点间距大，使接地线安装不牢固；接地线的标识不明，有的用黑色，有的用黄色，色标混乱；接地线的标识不明，未能引起操作人员重视，在设备、线路的检查、维修后，拆卸下的接地支线可能未及时安装回原位。

2）接地装置搭接焊的搭接长度（焊缝长度）和搭接面面数不够，接地线的强度不够、可靠性低。搭接面不平、焊缝粗糙不饱满，防腐处理难度大，焊接质量无保证。

3）外墙上的金属物很容易受到雷电袭击，如果没有接地，将危及人身安全；不同金属的分子活跃程度不同，如果碰在一起会出现电化腐蚀，从而降低使用寿命。

（2）原因分析

1）施工人员不熟悉规范要求。

2）未做技术交底，不清楚接地干线色标标识规定。

3）施工人员操作不熟练，焊接技术水平低，操作马虎应付。

4）对防雷接地部位要求不清楚，不知道电化腐蚀的危害。

3、防治措施

（1）变配电室内，接地干线敷设时，应先进行测量，弹线、定位、准确标定支持点的位置。支持件的安装间距，水平直线部分为 0.5～1.5m，垂直直线部分为 1.5～3m，转弯部分为 0.3～0.5m。

支持件的安装高度为：沿建筑物墙壁水平敷设时，距地面高度 250～300mm；与建筑物墙壁间的间隔 10～15mm；敷设的部位要注意便于检查，不妨碍设备的拆卸与检修。

接地干线在跨越建筑物的变形缝处，应将接地干线弯成 Ω 形状，做补偿装置。

接地干线的支持件可用预埋固定法或用金属膨胀螺栓进行固定。

接地干线的标识应符合规范要求。可在接地线表面沿长度方向，每段为 15～100mm，分别涂以黄色和绿色相间的条纹；接地线的色标可涂油漆，也可使用黄绿双色胶带。

（2）接地干线的连接应采用搭接焊接。

接地线的焊接处焊缝应饱满，无夹渣、无气孔、无咬肉，并做好防腐处理。

（3）有接地要求的玻璃幕墙金属框架、栏杆、门窗等金属物，应就近与接地干线连接，不同金属间应有防电化腐蚀措施，如使用不锈钢垫片过渡。

四、接地电阻未达到设计要求

1、现象

实测的接地电阻值大于设计要求。

2、危害及原因分析

（1）危害

接地电阻实际测量阻值达不到设计要求，不能保证有设计上预期的防雷接地效果。当接地系统是共接地系统，将影响智能系统的正常运行。

（2）原因分析

1）接地装置的材料选择不当。

2）接地体（极）的位置选择不当；接地体（极）的数量设置不够。

3）人工接地体（极）的埋设深度不够。

4）土壤的电阻率过高。

5）施工工艺不符合规范要求。

3、防治措施

（1）接地体、接地线的种类和规格及人工接地体和接地线的最小规格应符合设计和规范要求。

（2）人工接地体（极）的位置和数量应按设计要求布置；人工接地体（极）敷设后，用接地干线全部连接起来，并及时进行接地电阻的测试，若阻值未达设计要求，应及时把结果反馈给设计院，由设计人员决定是否增加人工接地体（极）的数量等措施。

（3）人工接地体的埋设深度以顶部距地面大于0.6m为宜，在经人行通道处埋地深度应大于等于1m，且应采取均压措施或在其上方铺设卵石或沥青地面。

（4）对于砂、石、风化岩等高电阻率的地区，按设计要求进行敷设接地装置，且工艺全部符合规范要求；如果接地电阻仍不能满足设计要求，应及时反馈给设计院，由设计人员决定是否使用降阻剂降低土壤的电阻率。

（5）施工工艺如搭接长度、焊缝质量要符合施工规范要求。施工现场必须加强质量检查，严格把好质量关，同时接地装置施工中应做好隐蔽工程的验收记录，相关责任人及时签证。

五、防雷接地系统质量常见问题

1、避雷带、接地干线采用焊接连接时，焊接处焊缝应饱满（圆钢采用双面焊接，扁钢采用三面焊接），搭接长度符合要求，并有足够的机械强度，焊接处做防腐处理；避雷带支架安装位置准确垂直，水平直线部位间距均匀，固定牢固；避雷引下线的连接为搭接焊接，搭接长度为圆钢直径的6倍，不允许用螺纹钢代替圆钢作搭接钢筋。另外，作为引下线的主钢筋土建如是对头碰焊的，应在碰焊处按规定补搭接圆钢。

2、当避雷带、接地干线跨越建筑物变形缝时，应设补偿装置。

3、屋面及外露的其他金属物体（管道、金属扶手、风机、冷却塔及建筑物景观照明灯、设备外壳及设备基础等金属物体）应与屋面防雷装置连接成一个整体的电气通路。

4、设备金属外壳及设备基础、设备支架等可接近裸露导体应利用就近的金属钢导管或单独与接地干线可靠连接,防止漏电事故;裸露在屋面的管道终端应做防水弯头（见图3-35）。

图3-35　防水弯头

5、建筑物外墙应留置供测量用的接地装置引下线测试点，测试点设置数量符合设计的要求，但不少于 2 处，其位置距离散水高度一般为 500～800mm；接地测试点装置应设保护，并做标识。

6、总等电位联结线端子箱安装在进线总配电箱近旁，将接地干线和引入建筑物的各类金属管道如上下水、热水、煤气等管道以及自建筑物外可能引入的危险故障电压的其他可导电体和周围其他外露可导电体与总等电位联结端子板连接，等电位联结干线或局部等电位箱间的连接线形成环形网路，支线间不应串联连接。

7、局部等电位联结线端子箱应符合国家技术标准或设计要求，预留足够的端子连接点，螺帽、防松零件齐全。

8、引下线、均压环、避雷带搭接处焊缝饱满、平整均匀，并及时敲掉焊渣，刷防锈漆。

六、避雷引下线敷设施工质量常见问题

1、现象

避雷引下线漏做断接卡子和接地电阻测试点。

高层建筑利用建筑物的柱子钢筋作引下线，或柱子内附加引下线时，没有在首层预焊出测量接地电阻值的测试点以致无法测量避雷系统的接地电阻。

2、原因分析

认为避雷引下线利用柱子钢筋，则整个建筑物的钢筋已统一接地，就没有必要再测接地电阻值。所以漏做断接卡子和测试点。

3、防治措施

（1）在主体结构施工时，若避雷引下线利用柱子钢筋，可在室外距地面 500mm 处，于建筑物的四个角焊出接地电阻测试端子，其盒子和接地测试点做法（见图 3-36）。

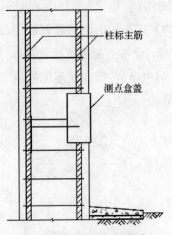

图 3-36 接地电阻测试点

（2）如果是在混凝土柱子或墙内暗设的避雷引下线，则应在距室外地坪 500mm 处，逐根做接地引下线断接卡子，作为接地电阻的测试点（见图 3-37）。

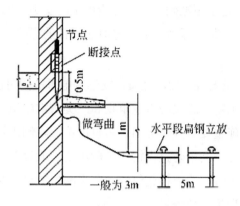

图 3-37　人工接地极做法

4、治理方法

施工阶段发现未作断接卡子和测试点时，应凿出柱子主筋，补焊出接地电阻测试点。

七、避雷带（针）连接不可靠

1、现象

（1）建筑物的防雷网格设置偏大；避雷带（针）的位置不当。

（2）避雷带的支架埋设不牢靠，支持点间距大、不均匀；避雷带不端正、不平直、有急弯、用电焊加热煨弯；避雷针针体不垂直、安装不牢。

（3）避雷带在穿过变形缝处无补偿措施。

2、危害及原因分析

（1）危害

1）建筑物的防雷网格太大，将起不到防直击雷和防侧击雷的作用；避雷带（针）的位置未测量准确、未做好标记等，或者埋设位置不准确，影响使用效果。

2）避雷带敷设不牢固，易变形、移位；直线段不平直，弯曲半径小，急弯和热弯都会破坏镀锌圆钢（扁钢）等材料的镀锌层，电焊加热煨弯还造成面积变小、微小裂纹以及对焊等现象，针体固定时没掌握好垂直度，偏差超过规定值，安装不牢固，影响使用效果。

3）避雷带在变形缝处无补偿措施，当变形缝处的变形幅度大时，可能会拉伤、拉坏避雷带。

避雷带（针）的设置不合理、安装不可靠，不能起到预期的防雷作用。

（2）原因分析

1）设计单位未按《建筑物防雷设计规范》GB 50057 确定防雷类别，未按选定防雷类别选用相应的防雷设施,造成防雷网格尺寸偏大,位置不当。

2)施工人员未按设计要求施工,不熟悉规范要求。

3)施工不认真,支架定位不准确,不熟悉避雷带的安装工艺。

4)对建筑物的结构不清楚,无考虑变形缝对避雷带的影响。

3、防治措施

(1)建筑物应根据其重要性、使用性质、发生雷电事故的可能性和后果,按防雷要求分为三类:即一类防雷建筑物、二类防雷建筑物和三类防雷建筑物。

建筑物的防雷保护措施主要有几个方面:防直击雷、防侧击雷、防雷电磁感应、防雷电波入侵、防雷电磁脉冲等,其中防直击雷和防侧击雷一般设有防雷网格。

在设计交底和图纸会审时,应审核建筑物的防雷网格的设置是否符合对应防雷等级的要求,符合规定后方可做为施工依据。

防雷网格施工时应按设计和规范要求设置,不合格的必须调整直至符合要求。

(2)避雷带的支架采用镀锌圆钢时,支架高度按设计要求,当设计上无要求时,一般为100~120mm;避雷带的支架采用镀锌扁钢时,其燕尾端和高度要求同镀锌圆钢(见图3-38)。

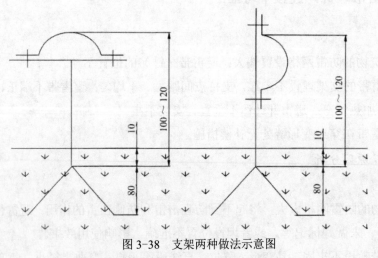

图 3-38 支架两种做法示意图

避雷带的支架间距应满足规范要求,如表 3-14 的规定。

表 3-14 明敷接地线支持件间距

项目	支持件间距(m)
水平直线部分	0.5~1.5
垂直直线部分	1.5~3
弯曲部分	0.3~0.5

支架埋设前,应先对镀锌圆钢或镀锌扁钢进行调直、调平;支架在女儿墙上安装的程

序：先放线测量后，找好间隔距离，然后打孔、预埋支架，埋入深度和高度找准确后，再用水泥进行捻缝，同时捻牢后，进行养护，待水泥达到强度后，再使用支架。

避雷带应平正、顺直，固定点支持件间距均匀、固定可靠，每个支持件应能承受大于49N（5kg）的垂直拉力。安装时应测量好，弹线、定位准确，把支持件预埋固定好：首先把每一处转角的支持件确定，转角处两边的支持件距转角中心宜为250~300mm，且应对称设置，然后在每一直线段上从转角处的支持件开始进行测量并平均分配，其间距应符合设计和规范规定。

敷设避雷带时，直线段要保证不起伏、转弯处的弯曲半径（圆弧）不应小于圆钢直径的10倍，并大于60mm；严禁弯成90°的直角弯。避雷带的弯曲应使用冷弯，严禁使用电焊加热煨弯。

避雷针必须按设计的位置设置，在埋设时确认针体垂直后应固定牢固，针体固定好后，要与引下线焊接牢固，若有防雷网，还要与防雷网焊接成一个整体；若避雷针针体不垂直、安装不牢，拆下重新进行调整，调直后再组装立杆。

（3）避雷带在穿越变形缝处应增加补偿装置。避雷带在穿越变形缝处的敷设类似变配电室内明敷接地干线安装，当接地线跨越建筑物变形缝时，应设补偿装置。

具体做法可在变形缝处，将避雷带做成 Ω 形状，来补偿当建筑物受热膨胀时变形缝的伸长变化。

八、避雷带（针）质量常见问题

1、现象

（1）避雷带（针）的搭接长度不够。

（2）避雷带（针）单面焊接，焊缝不饱满、有夹渣、咬肉现象。

（3）避雷带（针）防腐未处理好。

2、危害及原因分析

（1）危害

1）避雷带的搭接长度不够，机械强度不够，不能保证接地线在通过雷电流时有足够大的有效截面积。

2）焊缝处理不好，不能保证焊接质量。

3）防腐等工艺达不到要求，避雷带的焊接处受腐蚀快，易损坏，缩短避雷带的使用寿命。

（2）原因分析

1）未做技术交底，施工人员不清楚避雷带（针）的施工工艺标准或具体做法。

2）不熟悉规范要求。

3）施工人员操作不熟练，焊接技术水平低，工作不认真。

3、防治措施

（1）避雷带应采用搭接焊接，搭接长度要符合规范要求，如表 3-15 所示。

（2）焊缝工艺要符合规范要求。如镀锌圆钢，搭接长度满足要求，并双面焊接，焊接处应焊缝饱满、平滑，并应有足够的机械强度；无夹渣、无气孔、无咬肉等缺陷。

（3）在焊接工艺满足要求后，把焊渣敲干净，焊接面药皮处理干净，再做好防腐处理。防腐时最少刷两遍防锈底漆，再刷面漆，表面颜色一致，符合设计要求。

表 3-15 接地线的搭接长度

项次	项　　目		规定数值		检查方法
1	搭接长度	扁钢	≥2b	三面施焊	尺量检查
		圆钢	≥6d	双面焊接	尺量检查
		圆钢和扁钢	≥6d	双面焊接	尺量检查
2	扁钢焊接搭接的棱边数		3		观察检查
3	扁钢与钢管或角钢	角钢	外侧两面		观察检查
		钢管	3/4 钢管表面、上下两侧		观察检查

注：b 为扁钢宽度，d 为圆钢直径。

九、镀锌圆钢避雷网（带）焊接缺陷

1、现象

（1）避雷网（带）焊接头搭接长度不够，电焊时电弧咬边造成缺损，因而减小了圆钢的截面积。

（2）焊接处未作防腐处理。

2、原因分析

（1）安装避雷网（带）时，留出的搭接长度不够，或者在断辅助母材时不够长，焊件摆放不齐，结果造成焊接面长度不够。

（2）造成电焊咬边的原因是，电焊机电流过大，施焊时在母材边起弧，又在母材边收弧。

3、防治措施

（1）焊接头搭接长度必须留有余地，辅助母材可以预先切割好，切断时两端各加长10mm，并在居中做出标记，将两个钢筋接头放在中间对齐。

（2）施焊时可在辅助母材边起弧，焊完后仍在辅助母材边收弧，这样可以避免因熔池收缩而造成咬边现象。

4、治理方法

发现电焊面积不够和电弧缺口咬边，应加焊补齐。焊接处涂防锈油漆两道。

十、接地干线数量少、接地支线串接

1、现象

（1）接地线的支线有串接现象。

（2）变压器室、高低压开关室的接地干线少于 2 处与接地装置的引出干线相连接。

2、危害及原因分析

（1）危害

1）接地线的支线有串接现象，如果中间的一段或一个设备断开，则支线与干线相连方向相反的另一侧所有电气设备、器具及其他需接地的单独个体全部失去接地保护。

接地干线一般处于良好的电气导通状态，一般具有不可拆卸特性，而支线是指由干线引向某个电气设备、器具（如电动机、单相三孔插座等）以及其他需接地单独个体的接地线，通常用可拆卸的螺栓连接；这些设备、器具及其他需要接地的单独个体，在使用中往往由于维修、更换等种种原因需临时或永久的拆除，若他们的接地支线彼此间是相互串联连接，只要拆除中间一件，则与干线相连方向相反的另一侧所有电气设备、器具及其他需接地的单独个体全部失去接地保护，这显然不允许，要严禁发生的，所以支线不能串联连接。

2）接地干线只有 1 处与接地装置的引出干线相连接，降低了可靠性，故障电流向接地装置流散时只有一个流向，不利于快速疏散故障电流。

（2）原因分析

1）不熟悉规范要求，不知道接地线串接会造成严重后果。

2）嫌麻烦。认为只要与接地网连接上就可以了，不知道变压器室、高低压开关室的接地干线，要求不少于 2 处与接地干线相连接，为了保证供电系统接地可靠，构成环网状电路有利于故障电流的流散畅通。

3）贪图方便，偷工减料。

3、防治措施

（1）在进行接地线的敷设时，应明确干线和支线的区别，无论明敷或暗敷的干线，尽可能采用焊接连接，若局部采用螺栓连接，除紧固件齐全拧紧外，可采用机械手段点铆使其不易拆卸或用色点标示，引起注意不能拆卸。支线坚持从干线引出，引至设备、器具以及其他单独个体。

（2）在建筑物的主体阶段，对变配电室的接地进行预埋时，应考虑至少有两处预留接地点（钢板），接地装置预留点一般在变配电室的两端；在接地线的明敷设时，不要漏掉与预留的接地点可靠连接。

（3）变压器室、高低压开关室的接地干线至少有 2 处与接地装置的引出干线相连接，保证供电系统接地可靠和故障电流的流散畅通。

十一、屋面突出物未作防雷接地

1、现象

（1）建筑物突出屋面的金属物未与避雷带等接地装置可靠连接。

（2）高出屋面避雷带的非金属物，如玻璃钢水箱、塑料排水透气管等超出防雷保护范围。

2、危害及原因分析

（1）危害

突出屋面的金属物未与避雷带等接地装置可靠连接，非金属物超出防雷保护范围，存在雷击的危险。

（2）原因分析

1）未按设计图纸和规范要求施工。

2）施工不细致、交接检查不认真。

3）错误地认为只有高出屋面的金属物才需要与屋面避雷装置连接，而非金属物不是导体，不会传电，因而不会遭受雷击。雷击是一种瞬间高压放电现象，这种高压、强电流足以击穿空气、击毁任何物体。很多高大的建筑物、构筑物本身并非导体，却需要防雷保护，就是最简单的例子。

3、防治措施

（1）在建筑物屋面接闪器保护范围之外的物体金属部分应可靠接地，并和屋面防雷装置相连接，必要时增设接闪器。

（2）高出屋面接闪器的玻璃钢水箱、玻璃钢冷却塔、塑料排水透气管等补装避雷针，并和屋面防雷装置相连，避雷针的高度应保证被保护物在其保护范围之内。

十二、等电位联结导线截面小

1、现象

等电位联结的线路截面偏小。

2、危害及原因分析

（1）危害

等电位联结选用的材料规格小，将达不到设计的使用寿命，接地线截面积小于规范要求时，当发生漏电现象后，不能快速的将电流流向大地及影响保护电器保护动作，造成人员伤亡和财产损失，暗装断接卡子做法（见图 3-39）。

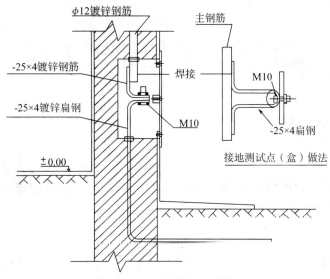

图 3-39 暗装断接卡子做法

（2）原因分析

1）不熟悉规范要求。

2）偷工减料，未按设计要求选用等电位联结线。

3、防治措施

等电位联结线的规格按设计要求选取，并符合规范要求。不能小于最小允许截面面积。

注意干线和支线的关系，干线指总等电位联结处 LPZOB 与 LPZ1 交接处，支线指局部等电位联结处 LPZ1 与 LPZ2 交界处及以下交界处（见图 3-40）。

把已敷设但不符合要求的等电位联结线更换至符合要求。

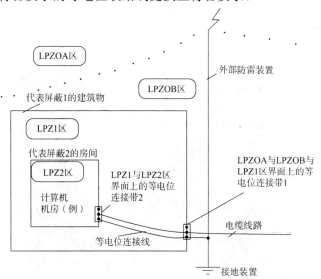

图 3-40 将一建筑物划分为几个防雷区和做符合要求的等电位连接的例子

第四章　智能建筑工程

一、线缆接头不规范

1、现象

由于连接处施工操作不规范，线缆接头与线缆连接不牢、接头的外壳与电缆的屏蔽层接触不良等，信号故障屡见不鲜。

2、危害及原因分析

（1）危害接线时的毛刺、回钩在一定条件下表现为电感，并与电缆的结构电容形成谐振回路，造成对线路信号的吸收衰减。

（2）原因分析

1）接头质量较差，接头内的卡片不能与电缆的铜芯紧密接触，在高频率工作条件下导致信号频率高端的幅度衰减过大，对于馈电电缆还容易引起接头打火造成信号故障。

2）施工时剪钳不利，或用力不当，剪去电缆铜芯线时，留下毛刺或回钩。

3、防治措施

规范施工，减少线路接头中存在的毛刺、剪痕或回钩现象。下剪前要先看好预留芯线的长度，切不可盲目下剪，剪断以后应检查一下剪口处是否留下毛刺，如有毛刺，应当沿剪痕的垂直方向重剪一下，以消除毛刺或剪痕。

4、优质工程示例

见图 4-1。

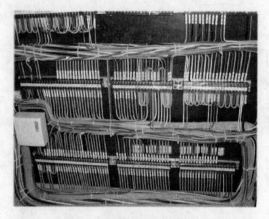

图 4-1　线缆接头规范整洁

二、主回路与控制回路线缆敷设不当

1、现象

（1）线路敷设时未穿管保护。

（2）主回路电线和电缆敷设时与控制回路的线缆之间间距偏小。

2、危害及原因分析

（1）危害

1）外部热源、腐蚀、振动等危害都将对线缆产生极为不利的影响。

2）线缆之间间距偏小会影响散热，降低载流量、影响检修且易造成机械损伤和互相干扰。

（2）原因分析

1）施工过程中偷工减料。

2）未按设计要求施工。

3、防治措施

（1）线缆穿保护管或采用电缆桥架敷设。

（2）电力电缆与控制电缆宜分开敷设，当并列明敷设时应保持较大距离。

三、线缆埋线质量常见问题

1、现象

（1）从机柜底到机柜配线架的线缆、光纤和大多数线缆绑在一起。

（2）机柜内线缆预留太长。见图 4-2。

图 4-2　机柜内线缆预留过长

2、危害及原因分析

（1）危害

1）光纤容易被折断。

2）机柜底部线缆零乱不美观，同时机柜内空间损失较大。

（2）原因分析

1）施工人员没有机柜埋线经验，随便把线缆扎在一起。

2）线缆进机柜前没有把线缆的长度拉平，有的线缆在活动地板下长短不一。

3、防治措施

（1）大多数线缆线径大，应单独绑扎，室内光纤线路上机柜也应套软管保护单独绑扎。

（2）机柜内线缆不宜留太长，一般配线架端接完毕后，从配线架背面的埋线架把线缆扎好，从上面往下理到机柜底部预留 1～2m 或在机柜底下盘两圈即可。

4、优质工程示例

见图 4-3。

图 4-3　机柜内线缆整洁

四、布线线槽接地保护与连接不当

1、现象

（1）综合布线的金属线槽桥架连接没有接地保护，且相互间也无电气跨接。

（2）线槽没按标准接地，有的和强电地线接到一起。

（3）线槽桥架连接不牢固，接口不平滑，带有毛刺。

2、危害及原因分析

（1）危害

1）造成电气连接电阻太大，没有起到屏蔽电磁干扰的作用，产生电磁辐射会干扰线缆增加网络电磁干扰传输的误码率，严重时会中断网络的正常传输，给用户带来经济损失。

2）当强电线路发生绝缘破损而接地系统又故障时，会使金属线槽桥架带电；也可能因为强电系统的雷电感应电压的引入而发生电磁干扰，由此可能造成触电人身伤亡和设备的损坏。

3）线槽连接处的连接片螺丝不牢固，接口有毛刺，线缆在施工过程中容易刮破皮，和线槽连通造成线缆短路。

（2）原因分析

1）在金属线槽桥架的安装施工中，施工人员对线槽的接地环节不够重视，或为了施工方便偷工减料。

2）施工人员缺乏对弱电系统接地保护和防雷电的认识，施工中把弱电线槽的地线接到其他强电线槽上。

3）施工单位没有对施工人员进行技术培训，施工中对工艺要求不够。

3、防治措施

（1）金属线槽桥架的安装施工前，要对施工人员进行专业的综合布线线槽安装培训，现场工程师要随时到现场检查指导安装工作。

（2）金属线槽之间的连接处、金属线槽和镀锌钢管的连接出口处都要用截面积 $4mm^2$ 以上的软铜导线进行跨接，且全长不少于 2 处与接地干线相连。

（3）当弱电系统的接地是单独设置时，其接地电阻一般不大于 4Ω；如果接地系统与大楼的主体接地系统在一起形成联合接地体时，接地电阻一般不大于 1Ω，施工前后应对接地系统按设计和规范要求进行测试并记录，以确保接地的安全和可靠。

五、机房防雷接地不牢固

1、现象

（1）接地装置焊接不牢固有夹渣、焊瘤、虚焊、咬肉、焊缝不饱满等缺陷。

（2）需复涂部分涂层不完整。

（3）不带电的电子计算机系统设备金属壳体未与保护接地装置可靠连接。

2、危害及原因分析

（1）危害

1）接地装置焊接不牢固有夹渣、焊瘤、虚焊、咬肉、焊缝不饱满等缺陷使接地不可靠容易遭雷电击损坏机房设备。

2）不带电的电子计算机系统设备金属壳体与保护接地装置连接不可靠，不能有效避免雷击损坏设备。

（2）原因分析

1）操作人员责任心不强，焊接技术不熟练，多数人是电工班里的多面手焊工，对立焊的操作技能差。

2）现场施工管理员对《电气装置安装工程接地装置施工及验收规范》（GB 50169）有关规定执行力度不够。

3、防治措施

（1）加强对焊工的技能培训，要求做到搭接焊处焊缝饱满、平整均匀，特别是对立焊、仰焊等难度较高的焊接进行培训。

（2）凡外露的正常状态下不带电的电子计算机系统设备金属壳体必须与保护接地装置可靠连接。

（3）增强管理人员和焊工的责任心，及时补焊不合格的焊缝，并及时敲掉焊渣，刷防锈漆。

六、空闲端口空载

1、现象

分配设备的空闲端口未做终结（即空载）处理。

2、危害及原因分析

（1）危害

一般会出现该端口阻抗失配，造成相邻工作端口幅频特性曲线畸变，传输能量发生变化，驻波干扰严重。

（2）原因分析

施工人员偷工减料，没有使用的端口不包好。

3、防治措施

施工时应按照规定，对空闲端口终接 75Ω 阻抗，避免因为阻抗失配而影响电路的传输性能。

七、数据通信接口实时性差

1、现象

受监控设备或系统同 BA 系统以数据通信的方式相联时，其实时性较差。

2、危害及原因分析

（1）危害

采样速度、系统响应时间不能满足合同技术文件与设备工艺性能指标的要求。

（2）原因分析

系统通信接口不符合设计要求，存在兼容性及通信瓶颈问题。

3、防治措施

严格进行系统接口测试，并保证接口性能符合设计要求，实现接口规范中规定的各项功能，避免发生兼容性及通信瓶颈问题。

4、优质工程示例

见图 4-4。

图 4-4 监控系统优质工程

八、用户终端用法错误

1、现象

擅自拆掉用户终端盒，将线路终端直接作为用户终端等。

2、危害及原因分析

（1）危害

1）造成电视机输入电平下降，图像噪点增多，图像质量下降。

2）在用户接收机经常断续的情况下（即用户输出口经常会出现空载），会给传输线的特性阻抗造成极大的失配，从而影响全线路的工作。

（2）原因分析

1）安装双孔终端盒时将 TV 插孔和 FM 插孔搞混、插错，造成电视机输入电平下降，图像噪点增多，图像质量下降。

2）用户盒的隔离作用，既可以防止电视机内部电路上的感应电泄漏至信号传输线路上，又可以在雷雨季节观看电视时，降低雷电侵袭电视的概率。

3、防治措施

安装用户盒时一定要精心、仔细，分清楚 TV 插孔和 FM 插孔；安装电缆接头时要处理好电缆屏蔽层与轴芯的绝缘，避免电缆线屏蔽层与轴芯直接将信号短路，或者接头接触不良。

九、电话线路上信号传输障碍

1、现象

电话线路上没有任何信号传输。

2、危害及原因分析

（1）危害造成系统无法正常工作，不能对外沟通。

（2）原因分析线路接头质量问题、配线架端接不良、用户区电话机故障、语音交换设备端口故障。

3、防治措施

（1）用专业仪器测试线的参数。

（2）检查配线架是否有脱落的现象。

（3）检查电话机是不是存在质量问题。

（4）检查交换设备是否有质量问题。

（5）检查交换设备设置是否有问题。

（6）检查交换设备是否有断电的现象。

十、维护手册提供不全

1、现象

（1）软件和设备的使用手册不齐全或无中文版手册。

（2）维护手册不齐全。

2、危害及原因分析

（1）危害

1）直接影响用户的使用和管理。

2）系统发生故障不能迅速排除。

（2）原因分析

1）设备安装后管理不善，导致使用手册或说明书丢失，或者设备为进口产品，缺乏中文资料。

2）竣工资料不齐全。

3、防治措施

（1）设备安装后及时将相关设备资料存档，外文资料应翻译成中文。

（2）按照规范要求编制维护说明书。

十一、局域网络不通

1、现象

（1）计算机在局域网内不能访问某台计算机或服务器。

（2）计算机在局域网不能通过服务器上网访问外部的网站。

2、危害及原因分析

（1）危害

1）造成无法实现局域网的互连互通及资源共享。

2）无法实现局域网的互连互通。

（2）原因分析

1）计算机在硬件及软件设置上不正确。

2）线缆长期与产生电磁干扰或电气设备设置在一起。

3）中心交换设备存在着质量问题。

4）当地电信运营部门主干网接入的原因。

5）中心交换设备设置工作异常或断电。

3、防治措施

（1）检查计算机硬件及软件的设置（如：网卡是否驱动、IP 地址有无冲突、IP 地址有没有分配、IP 地址是不是在同一段、网关有没有设置、DNS 设置正不正确、代理软件的设置是否正确等）。

（2）检查线缆是否长期与产生电磁干扰或电气设备放置在一起。

（3）检查中心交换设备运行状态是否正常。

（4）检查当地电信运营部门主干网连接是否正确。

（5）检查交换设备设置通电情况。

十二、子系统管理界面杂乱

1、现象

（1）受 BA 监控的设备例如冷水机组、通风机、空调机，不能提供通信接口或硬接点连接联动控制的技术接口界面。

（2）设备可以提供通信接口或硬连接点，但无法同 BA 的接口相匹配。

2、危害及原因分析

（1）危害

1）使得 BA 的监控无从实施。

2）不能满足 BA 的监控要求，最终功能不够完善。

（2）原因分析

1）在工程实施前，尤其在商务合同阶段，未明确各子系统的设备供应商在技术接口方面的供应范围，导致在系统调试过程中形成这些硬、软件方面的缺口。

2）在深化设计阶段，BA 设计人员未向设备供应商提出详细的接口要求，导致设备接口不能满足 BA 的监控要求。

3、防治措施

（1）建设单位在设备的采购合同中，应将关于 BA 的监控要求列入合同条款，以便约束供货商。

（2）BA 设计人员应根据需要进行选择，在深化设计过程中，应向建设单位和设备供应商提供详尽的接口技术要求，与设备供应商讨论确定设备是否具备监控功能和联动控制功能，并就通信方式、通信协议、信号量程和接点容量等具体技术参数共同磋商，并明确工程界面。

十三、中央监控界面操作不便

1、现象

（1）中央监控界面不能提供全汉化的中文界面。

（2）中央监控界面缺少人性化设计，人机界面不符合友好、图形化的要求。

2、危害及原因分析

（1）危害

1）普通操作员不能对一些报警和事件进行处理。

2）使用户的操作变得复杂。

（2）原因分析

1）由于目前 BA 系统主要还是从国外引进，在 BA 产品选型以后造成既成事实。

2）BA 调试工程师比较重视对硬件的调试工作和监控功能的实现，而忽视对图形监控界面的设计。

3、防治措施

（1）BA 系统设计人员应该熟知规范对中央监控软件的规定，并熟悉市场上主流 BA 产品可以实现的功能，以便为用户选用合适的 BA 产品。

（2）图形中心方式由于其一系列彩色、动态的模拟图形，快捷、直观的操作界面以及较短的培训周期，在目前得到广泛推广。目前 BA 软件均包含强大的图形组态工具，BA 软件编制工程师应该在此方面多用点精力。

十四、不能查询及打印历史数据等

1、现象

（1）可以查询近期（如 1 个月前）的历史数据，但不能查询较前期（如 2 个月前）的历史数据：

（2）只可以查询部分监控点的历史数据。

2、危害及原因分析

（1）危害

1）在需要进行数据分析时由于没有查询结果而给设备管理带来不便。

2）造成系统未对相关监控点的历史数据进行记录和保存。

（2）原因分析

1）需查询的资料历史过长，已超过中央工作站所能保存的最长期限。

2）对相关监控点的相关设置不当。

3、防治措施

（1）定期对系统数据进行备份，或增加硬盘存储容量。

（2）调试人员应同用户进行沟通，对有需要的监控点进行设置，以便系统自动记录和保存历史数据。

十五、紧急广播不能强制输出

1、现象

（1）消防控制机接收到火警信号以后，没有相应的联动信号输出。

（2）紧急广播分区混乱。

2、危害及原因分析

（1）危害

1）火灾发生时不能联动紧急广播输出。

2）不能有效地将火灾疏散层的扬声器和公共广播扩音机强制转入火灾应急广播状态。

（2）原因分析

1）火灾自动报警系统没有同广播系统有效联动。

2）不熟悉消防分区。

3、防治措施

（1）火灾自动报警及消防联动系统应该设置联动输出装置，以便在接收到火警信号以后，能够输出火警控制信号至广播系统。

（2）设计时应先熟悉消防自动报警系统的图纸，统筹划分防火分区。

十六、音控器紧急情况切换障碍

1、现象

（1）音量调节装置（音控器）在火灾发生时不能实现强切控制。

（2）火灾时可以将背景音乐切换为紧急广播，但在广播区域仍然可以通过音控器对音量进行调节。

2、危害及原因分析

（1）危害

1）火灾区域不能切换背景音乐为紧急广播。

2）导致扬声器不能全功率鸣响。

（2）原因分析

1）广播系统的线路采用了二线式的功率馈送回路，导致音量调节装置（音控器）不能接收控制信号。

2）音控器接线错误。

3、防治措施

（1）设计时应严守规范以及厂家的技术资料。

（2）音控器在接线时，应区分公共线、信号线和控制线，并严格按照产品接线图施工，紧急广播时，音量调节装置应该失效。

十七、报警控制器及联动柜安装缺陷

1、现象

（1）报警控制器、联动柜的安装位置背光或没有预留检修位置。

（2）报警控制器、联动箱柜内，外接导线较乱、不牢固、无编号、捆扎松散等。

（3）落地安装的报警控制器、联动柜柜体基础与地面未保持一定距离。

2、危害及原因分析

（1）危害

1）观察面背光，给操作管理带来不便，没预留出检修位置，给维修管理带来困难。

2）容易造成系统故障、发生事故等，并给维修管理带来困难。

3）地面潮气影响柜内器件的性能，造成系统故障。

（2）原因分析

1）近年来，为了方便管理，开发商不光将消防设备还将安全防范监控系统、楼宇监控系统设备以及网络系统设备都设置在消防控制室内，以致报警控制器、联动柜的安装位置无法按设计图纸或规范要求安装，离后墙、侧墙太近。

2）在安装报警控制器、联动柜时，施工人员不熟悉电气安装工艺及规范，接线零乱无序，没规律；线头无编码、安装不牢靠。

3）设计不细，或安装时没有熟悉规范和统一规划。

3、防治措施

设备布局更应统筹规划、合理安排、精心设计，但特别强调消防设备的布置，一定要符合消防规范的要求。

十八、报警器误报

1、现象

（1）在布防的情况下，防区经常误报，严重影响安全保卫工作。

（2）周界红外对射防区经常误报。

2、危害及原因分析

（1）危害

1）系统频繁的出现误报，保安人员的工作压力大，达不到系统的安全性和稳定性。

2）周界报警系统经常误报，给值班人员增加心理上的压力，长期的误报和实际的报警都无法区分，形成"狼来了"的效果。

（2）原因分析

1）所选用的探测器没有防宠物的检测功能，探测器不要安装在温度太高的环境，应尽量远离窗户避免外物的干扰。

2）探测器靠近围墙边的绿化带，这些植物经常高出围墙，风吹草动时树枝摆动隔断红外线引起报警。

3、防治措施

1）老鼠出没的地方要经常灭鼠，还需要防止其他动物闯入探测器的有效监测区域或选用防宠物的探测器。

2）根据现场的实际情况调节探测器的灵敏度到最佳效果，围墙边的树枝条要定期修剪。

十九、报警系统与防火卷帘联动调试

1、现象

（1）地下车库防火卷帘的两侧，仅设计普通感温探测器，满足不了"对防火卷帘，一般都以两个探测器的'与'门信号动作为控制信号比较安全"的规定。

（2）防火卷帘的联动关系不明确，不同设计单位往往设计都不一样。

2、危害及原因分析

（1）危害

这是关系到人员疏散和防火分区隔离的大问题，必须认真对待。联动关系错误将给正常运作带来麻烦。

（2）原因分析

1）地下车库防火卷帘的两侧，设计的多个普通感温探测器，是由一个模块带的，仅一个地址，无法实现"与"门信号的编程。

2）防火卷帘的联动关系不明确，主要有两点，一是对防火卷帘的用途不清楚，二是接到什么样信号卷帘才动作不了解，所以造成设计混乱。

3、防治措施

设计人员应了解防火卷帘功能、正确设计功能不同卷帘的联动关系。此外，安装、调试人员应正确编程，严格按图纸、规范要求施工。

二十、报警系统与防排烟联动调试

1、现象

（1）排烟风阀打开后，不能自动起动排烟风机。

（2）在调试时，容易烧坏模块。

2、危害及原因分析

（1）危害

1）如果排烟风阀打开后不联动排烟风机起动，烟雾会使人们窒息，从而贻误疏散、逃生的时机，甚至造成人员伤亡。

2）烧坏模块，排烟风阀或送风风阀打不开，不能将烟气抽走或将新风送进来，将直接影响人们疏散，影响消防员扑灭火灾，造成伤亡。

（2）原因分析

1）设计及编程序时疏忽造成的。

2）这个问题涉及到两个方面的问题，一是模块工作电流问题，二是风阀工作电流问题。

报警产品的模块工作电流，由于产品型号不一，也各不相同，但设计人员在设计时往往忽视这一点。风阀开启方式不同，其电流值也不尽相同，一般讲缓冲开启式的电流比弹簧开启式电流大，所以在设计时如果用电流小的模块带电流大的风阀，就可能出现烧模块的现象。

3、防治措施

（1）设计人员在设计施工图时应予以说明；编程及调试人员在调试时应按说明进行调试。

（2）设计人员应不断积累经验，熟悉了解各种报警产品模块、各类风阀的性能，设计出合理、可靠的施工图。

4、优质工程示例

见图4-5。

图4-5　报警系统铺设规范

二十一、报警系统与气体灭火系统联动调试

1、现象

（1）气体灭火系统的信号没有返回消防控制中心。

（2）气体灭火系统的报警控制系统，对防护区的排烟口、通风口、风机等设备没有联动，不能形成封闭空间。

2、危害及原因分析

（1）危害

1）气体灭火系统的信号不返回消防控制中心，值班人员将无法了解气体灭火保护区的安全状况。

2）气体灭火系统的防护区不能形成封闭空间，喷气时灭火药剂就会流失，造成扑灭不了火灾的重大事故。

（2）原因分析

1）这个问题是往往是设计遗漏所造成的。

2）由于设计或安装不当造成排烟口、通风口、风机等设备没有联动。

3、防治措施

设计、安装人员应严格执行规范。

二十二、报警系统与水系统联动调试

1、现象

（1）自动喷淋系统的水流指示信号参与起泵。

（2）消火栓按钮一动作，水泵还没有起动 DC24V 指示灯就亮。

2、危害及原因分析

（1）危害

1）可能造成水泵频繁启动，使管网压力增大，以至于管子破裂造成重大事故。

2）不能真实反映水泵状态，往往给人以误会，贻误灭火时机。

（2）原因分析

1）一般说这也是由设计不当造成的。自动喷淋系统是一个常压系统，当稳压泵运行时，水流指示信号可能发生误动作，水流指示信号不能作为启动喷淋泵的依据。

2）当发现火情，灭火器又灭不了火时，要立刻通过消火栓按钮紧急启动水泵，水泵启动后通过最后一级接触器控制线路，DC24V 指示灯会亮，以示确认水泵启动，人们可用消火栓及时扑灭火灾。水泵没有起动，指示灯就亮，说明设计安装是错误的。

3、防治措施

（1）设计人员应正确设计，了解水流指示器功能。

（2）设计、安装人员要严格执行标准中的规定。

二十三、火灾探测器安装位置错误

1、现象

探测器发生误动作或不动作。

2. 原因分析

探测器与其他设备、梁、墙的距离不符合要求，造成误报警；探测器安装距离超出报警范围，产生报警死角。

3、防治措施

（1）图纸会审时应认真审核，施工中应注意与其他电器设施和建筑物的距离。

（2）探测器边缘距冷光源灯具边缘最小净距大于或等于0.2m；距离温光源灯具边缘最小净距大于或等于0.5m；距电风扇扇页边缘大于或等于0.5m；距不凸出扬声器罩大于或等于0.1m；距凸出扬声器边缘大于或等于0.5m。

（3）探测器边缘距墙、梁边缘最小净距大于或等于0.5m。

（4）探测器周围0.5m内不应有遮挡物。

（5）探测器保护面积和保护半径必须遵照规范的要求。

二十四、火灾探测器安装缺陷

1、现象

（1）探测器的安装位置离墙、梁距离太近（水平距离<0.5m）。

（2）探测器的安装位置离周围遮挡物太近（距离<0.5m）；探测器的安装位置距进风口（距离<1.5m）、回风口的距离（距离<0.5m）太近。

（3）探测器的保护面积不按规范设计，感烟探测器保护面积大于$60m^2$、感温探测器保护面积大于$20m^2$（指中危险级场合）。

（4）感温、感烟探测器的安装使用场合不正确。如茶炉房设感烟、厨房设感烟、发电机房设感烟等。

（5）红外线光束探测器安装距顶板距离不当（>1m或<0.3m），距地面高度偏高（>20m）；相邻组间水平间距过大（>14m），距侧墙距离不当（>7m或<0.5m）；发射器与接收器间距离偏大（>100m）；或安装在强烈灯光和阳光照射的位置等等。

2、危害及原因分析

（1）危害造成误报率增高；或有火情不报，耽误扑灭初期火灾。

（2）原因分析

1）在火灾报警系统的平面设计施工图中，由于大多数消防线管都是由土建单位预埋的，他们毕竟不太熟悉消防规范，所以才出现离墙、梁的距离太近现象。探测器的位置一般是没有标尺寸的，施工人员在预埋探测器的线盒时，没有严格执行规范标准。

2）没有和装修或空调专业人员协调，也会影响探测器的报警效果。

3）设计不细，未详细计算；或设计人员、施工人员不熟悉规范。

4）设计人员在设计探测器时，对保护区的功能考虑不周；或施工人员不熟悉安装规范，只照图施工。

5）设计人员、施工人员不熟悉红外线探测器产品要求和规范要求，安装位置距离不当，或没避开灯光、阳光，辐射距离不符合产品标准要求等，造成经常误报。

3、防治措施

（1）弱电设计人员应加强与建筑结构施工人员沟通，合理设计探测器的位置。电气管线预埋人员应加强报警规范的学习。

（2）加强与建筑装修、通风专业人员沟通。

（3）设计人员应了解保护区的功能，合理选择探测器，合理设计保护面积。施工人员在施工过程中发现设计不合理后应及时向建设和监理单位提出修改意见。

（4）设计和施工人员应充分了解特殊探测器的使用特性。

二十五、火灾自动报警系统质量常见问题

1、现象

（1）报警点与实际名称不符。

（2）强弱电井、前室、楼梯间探测器不能报出具体位置。

（3）高层建筑的正压送风末端的风压小。

（4）汽车库的排烟系统末端风口抽力不足。

（5）消防室打印设备只能打代码，不能显示中文具体位。

2、危害及原因分析

（1）危害

1）不能报出确切具体火灾位置，将贻误初期火灾的扑救。

2）造成正压送风末端的风压小，将会严重影响人员的疏散、影响消防员扑救火灾。

3）汽车库的排烟系统末端风口抽力不足，不能及时将地下室的烟雾抽出去，容易造成重大事故。

4）不能显示中文会给管理带来不方便。

（2）原因分析

1）编程、调试不仔细，或编程后房间名称又重新调整。

2）由于设计不当造成在塔楼的前室、强弱电井、楼梯间等场所采用了模块带普通探测器所致。

3）高层建筑中，特别是20~30层的高层建筑中，经常出现正压送风末端风口风压偏小的问题，这也是消防验收中经常出现不合格的问题。分析其原因是多方面的：

①设计太理论化，不考虑其他因素，仅按理论计算值选风机，未留出富余量。其结果，竣工验收时风量偏小，消防部门不予通过验收，问题十分难处理。

②竖向风道未按规范施工，内壁不抹灰，不光滑，有的风道壁漏风；还有的施工后不清理，有模板、垃圾等，增大了送风阻力。

③风阀质量差，风口漏风量偏大。

4）车库的排烟系统末端风口抽力不足，其原因也是多方面的：

①设计太理论化，不考虑其他因素，仅按理论计算值选风机，未留出富余量。

②排烟风机出口受人防门影响，所排烟从上至下走了一个"U"形弯才排出去，增加了排烟的阻力。

③地下室大多是排烟、排风用同一风机及风管，排烟时排风口未关闭，造成实际排烟风口面积偏大，其风口的风速偏小，抽力不足。

④所采用排烟口为普通百叶风口，不能调节风量，造成离风机近的风口风速大，离风机远的风口风速小，头尾不均匀。

⑤订购设备时也未向供货方提出打印设备显示中文具体部位的要求。

3、防治措施

（1）作为发展商应尽早确定各场所的功能名称及位置编号，以便于调试。调试时工作要仔细，对每一个探测器都要试验并确定其准确位置。

（2）设计人员应严格执行规范，规范中要求的部位都应报到点。

（3）设计人员对风机的风量应留出较大余量，安装人员应多个环节把好关，监理要加强管理，特别是对土建的竖向风道的施工质量要严格核查。

（4）地下室的排烟，一般都是排风兼排烟，设计时应综合考虑，特别要重点考虑排烟口位置、距离的合理性。

（5）设计人员在设计图纸时，应考虑打印设备能打印中文和显示具体部位的要求；建设方应在订购设备时，向供货方提出详细要求，并写进合同中。

二十六、扬声器杂音

1、现象

通过话筒进行广播时扬声器产生啸叫等杂音。

2、危害及原因分析

（1）危害影响广播效果，导致功放过载运行，严重时将损坏音频设备。

（2）原因分析

1）话筒离扬声器太近，或者二者处于同一声场内，扬声器的一部分声音进入了话筒而形成声反馈，从而产生了啸叫。

2）话筒附近存在干扰源，形成声反馈。

3、防治措施

（1）话筒在设置时，应减少声反馈，提高传声增益和防止干扰。

（2）远离干扰源。

二十七、地感反应、防砸功能失灵

1、现象

车辆过后栏杆不落，或者车辆还没有完全通过栏杆就下落。

2、危害及原因分析

（1）危害

道闸经常出现误动作，出现栏杆砸车现象。

（2）原因分析

1）地感线圈制作不标准（偏窄或偏小），道路太宽。

2）地面切割槽沥青或水泥密封不牢，经过较长时间后地感线圈绝缘易老化，车辆的防砸感应灵敏度大大下降。

3）制作的地感线圈靠近金属物体或外界的干扰，而不被发现或感应器质量差，导致经常死机。

3、防治措施

（1）制作前应考虑道路的宽度，地感线圈的尺寸随路面宽度的不同而有所不同。一般尺寸为 2.0m×1.0m 的长方形，路面太宽时，地感线圈两边距离路面边缘为 1.0m×1.5m。

（2）地感线圈的制作密封要牢固，不能长期浸泡在水里。浇灌的沥青必须充分熔化，以利于填充槽内每一个空隙而紧固线圈，绕制应用一根完整的导线，中间不得有接头。

（3）绕制线圈前应对现场勘察，地感线圈的制作不要靠近金属物体，尽量避开干扰源。

（4）使用（更换）质量较好的感应器。

二十八、出入口通信数据连接异常

1、现象

（1）出入口管理电脑与管理中心电脑的数据库通讯连接不上。

（2）出入口管理电脑与现场控制器的通讯经常不稳定。

2、危害及原因分析

（1）危害

1）出入口管理电脑与管理中心电脑的数据库通讯连接不上，导致现场的管理系统无法运行。

2）系统通讯不稳定，设备无法正常使用。

（2）原因分析

1）网络线不通或水晶头没有压好，电脑网卡和主机的设置不正确。

2）通讯线缆接触不好或控制器的质量不过关、操作系统不成熟。

3、防治措施

（1）系统运行前应使用专用线缆测试仪检测网络线的通断情况及水晶头 RJ45 的压接是否松动，以保证系统的调试畅顺。

（2）加强施工安装的工艺要求，选择成熟的产品。

二十九、出入口控制机读卡不起闸

1、现象

用户在读卡机上读卡后没有反应。

2、危害及原因分析

（1）危害

给用户带来烦恼，系统无法运行。

（2）原因分析

首先通过现场管理电脑进行起闸操作，或采用手动按钮控制，没有反应则需要检修相关线路和设备，反之就是读卡机出现故障或管理电脑没有开机、操作系统出现故障数据库连接不上。

3、防治措施

对于没有脱机功能的系统要确保管理电脑 24h 开机，必须和装有数据库的管理电脑 24h 连接才有效。

三十、停车场图像对比效果差

1、现象

停车场的图像对比功能，进场和出场的图像连车牌号都无法看清楚。

2、危害及原因分析

（1）危害

摄取车辆的进出场图像不清晰，无法使车辆的安全性得到保障。

（2）原因分析

承包商为了谋取更大的利润，选用质量低劣的产品以次充好、使用假冒产品或施工人员没有调好摄像机的焦距，进出场位摄像机角度不一致，造成现场抓拍图像模糊、图像对比看不清楚。

3、防治措施

要选用高清晰度的摄像机，安装前对摄像机的参数和焦距设置好必须达到验收规范的标准。

三十一、DDC 分站（控制器）设置安装不规范

1、现象

（1）安装位置潮湿，靠近蒸汽管道或水管。

（2）现场控制器靠近感应负载或大电流母线。

（3）控制器监控区域的划分不合理。

（4）控制器受控对象不清晰。

（5）控制器输入量、输出量的裕量太少。

2、危害及原因分析

（1）危害

1）控制器容易受到腐蚀，若是管道、阀门跑水，将殃及现场控制器。

2）造成电磁干扰。

3）加大了投资成本，同时造成网络结构复杂。

4）增大了施工难度。

5）不易扩展，个别点出现故障时不便处理。

（2）原因分析

1）设计人员不熟悉现场，对现场环境了解不够。

2）设计人员没有考虑感应负载和大功率设备对控制器的干扰。

3）设计人员不熟悉现场设备的安装位置。

4）未编制 DDC 监控总表，或者已编制，但不能明确每个监控点的内容和属性；或施工图描述不清楚。

5）对所采用产品输入、输出模块所能提供的点数及性能参数不熟悉。

3、防治措施

（1）现场安装时远离输水管道，在潮湿、蒸汽场所，应采取防潮、防结露等措施。

（2）应远离交流电机、大电流母线，以避免噪声大、干扰大的环境：在无法满足要求时，应采取可靠的屏蔽和接地措施。

（3）合理划分控制器的监控区域，同一设备的监控内容尽量划分在一个控制器内。

（4）监控总表的编制并不是监控点的无序罗列，应根据实际项目有针对性地进行制表，并严格按照规范所规定的内容进行编制。

（5）按照规范要求加入适当裕量。

三十二、DDC 控制器箱内配线混乱

1、现象

（1）箱内设备的布置凌乱。

（2）箱内接线标识不清。

（3）控制箱箱内空间过小。

2、危害及原因分析

（1）危害

1）造成线路交叉敷设。

2）给日后维护带来困难。

3）造成安装、检修困难。

（2）原因分析

1）箱内设备的布置不合理。

2）施工图纸不完善。

3）箱内设备太多，箱体过小。

3、防治措施

（1）箱内设备的布置应统一设计，尽量减少线路在箱内的敷设长度。

（2）在图上清楚标注每个端子的编号。

（3）合理计算元器件所占面积，预留箱体空间。

三十三、在线巡更系统线路易受干扰

1、现象

在线巡更系统通讯不畅，或数据采集不畅，或数据采集不稳定。

2、危害及原因分析

（1）危害

系统的不稳定，无法使系统正常运行。

（2）原因分析

线管安装的太靠近强电等干扰源，或通讯线路传输距离太远造成数据采集无法完成。

3、防治措施

要依照产品的技术要求和规范进行施工，尽量远离干扰源，所采用的通讯线远距离的要选择屏蔽线缆，最好不要超过厂家规定的通讯距离。

三十四、信息点模块端安装不规范

1、现象

（1）信息点模块端接线头太长，线对绞距太长。

（2）信息模块里有尘埃和水气，信息插座里的线缆预留太长，面板上不到位。

（3）办公屏风下的信息插座上不到位。

2、危害及原因分析

（1）危害

1）模块压接线对绞距太大，造成网络信号的衰减增大。

2）尘土和水进入模块内的插孔，容易造成短路和模块内的铜丝腐蚀，影响了 RJ45 的连接件正常工作。

3）信息插座脱落，碰到屏风隔板易短路。

（2）原因分析

1）没有专用的网络端接工具端接，把线对拧开为端接方便。

2）网络端接的施工人员没有经过专业的培训，信息点面板和防尘盖装反，或插座面板质量太差。

3）施工安装中没有注意屏风板是否与面板配套。

3、防治措施

（1）剥除电缆护套时应采用专用剥线器，不得剥伤绝缘层，电缆中间不得产生断接现象。压接时一对一对拧开放入与信息模块相对的端口上。

（2）安装屏风下的信息插座时要注意面板的扣板顶到底板，面板上好后要和屏风隔板紧贴，固定牢靠直至用手不能拧动。

（3）有的屏风隔板和信息插座面板不配套的，现场实际施工安装时应特别注意。

（4）面板的质量（特别是地面插座面板）要严格把关，施工安装时还应注意与底盒和建筑物表面或装饰层表面的结合部位的收口处理。

三十五、网络机房线缆布放缺陷

1、现象

（1）线缆直接从顶棚上吊到网络机柜里端接。

（2）线缆和强电线缆近距离交叉或离配电箱太近。

2、危害及原因分析

（1）危害

1）线缆没有线槽保护，容易遭受人为和老鼠的破坏。

2）机房内的线缆和强电系统的线缆绞放在一起，容易产生电磁干扰，影响网络设备的正常运行。

（2）原因分析

1）施工人员没有专业的布线工程知识，或有意偷工减料。

2）设备安装前没有和强电系统施工沟通协调好。

3、防治措施

（1）从上方进入机房的线槽要沿着机房的墙壁竖向敷设至机柜下，敷设的线缆在上柜端接前并应留有适度的冗余量，敷设的线缆截面一般宜不大于线槽截面的50%，线缆在线槽中竖向和水平方向均应理顺并在一定间隔内进行固定绑扎。

（2）在机房内的部分线缆难免会与强电线缆有交叉的，网络线缆应做金属线槽保护，或与动力电缆交叉时可套金属钢管增加隔离屏蔽。

三十六、机房电线管敷设缺陷

1、现象

（1）电线管埋墙板深度（或保护层厚度）不够；暗埋管出现死弯、扁折及严重的凹痕现象。

（2）电线管入配电箱，管口在箱内不顺直，露出太长；管口不平整、长短不一；管口无护口保护；管与箱体间未紧锁固定。

（3）预埋PVC电线管时不是用塞头堵塞管口，而是用钳夹扁拗弯管口。

2、危害及原因分析

（1）危害

1）电线管埋墙深度太浅，出现死弯、扁折、凹痕现象等会增加穿线施工难度，导致线路受损或发生管路断裂线路短路等。

2）管口粗糙、管头堵塞都容易造成穿线施工困难或线路损坏。

（2）原因分析

工作人员对有关规范不熟悉，工作态度马虎，贪图方便，不按规定执行。施工管理员管理不到位，监理工作不落实。

3、防治措施

（1）电线管入配电箱，管口在箱内要顺填，不能露出太长；管口应平整、整齐；管口要使用保护圈；并紧锁固定。

（2）参照《建筑电气工程施工质量验收规范》（GB 50303），按其规定规范施工。

（3）加强对现场施工人员施工过程的质量控制，对工人进行针对性的培训工作、管理人员要熟悉有关规范，从严管理。

三十七、机房供电及照明划分不准确

1、现象

（1）计算机房内其他电力负荷占用计算机主机电源。主机房内没设置专用动力配电箱。

（2）机房面积比较大的照明场所的灯具没分区、分段设置开关或设置的不够。

2、危害及原因分析

（1）危害

1）造成计算机房工作电压不稳定，丢失数据和损耗设备使用寿命。

2）管理和使用不方便。

（2）原因分析

设计人员对机房的用电负荷规划不够准确，没严格按现行国家标准的要求来执行。

3、防治措施

（1）计算机房用电负荷等级及供电要求要严格按现行国家标准《供配电系统设计规范》GB 50052 的规定执行。

（2）根据机房电子计算机的性能、用途和运行方式等情况合理的规划其供电电源等级。

（3）机房大面积照明场所的灯具进行分区、分段设置开关使之合理、方便、实用。

三十八、机房通风空调施工质量常见问题

1、现象

（1）通风机的进、出风口未加装防护罩（网）。

（2）设备基础和隔振支、吊架不牢固。

（3）冷冻和冷却水管连接不严密，有渗漏现象。

（4）冷凝水排放不畅，甚至倒灌。

2、危害及原因分析

（1）危害

1）通风机的进、出风口未加装防护罩（网）在意外时会对设备周边的人员伤害。

2）设备基础和隔振支、吊架不牢固，在设备运行时容易产生振动和噪声，对安装部位的建筑结构和设备均易造成损伤。

3）冷冻和冷却水管连接不严密和渗漏时直接影响空调效果，增加系统运行能耗。

4）冷凝水排放不畅，甚至倒灌会造成设备房积水，影响设备正常运行，甚至损坏机房

设备。

（2）原因分析

施工人员对有关规范技术要求理解不全面，工作态度马虎，不按规定执行。施工管理质量控制不到位。

3、防治措施

加强施工人员的施工管理施工技术培训和指导，增强工作责任心。

三十九、信息点到设备间线缆连接问题

1、现象

（1）信息点和设备间的线缆预留太短。

（2）水平线缆布放完后在线槽转弯处未预留足够长，致使线缆放入线槽后长度不够。

2、危害及原因分析

（1）危害

1）线缆预留太短无法端接。

2）线槽盖板盖不上，线缆往回抽，造成信息点和设备间的线缆端接又不够长。

（2）原因分析

1）施工人员经验不足，放线时线缆预留太短无法端接。

2）放线时线槽各拐弯处没有预留足够的长度。

3、防治措施

（1）线缆布放时要注意楼层配线间、设备间端留长度（从线槽到地面再返上到机柜顶部）：铜缆 3～5m，光缆 5～7m，信息出口端预留长度 0.4m。

（2）布放线缆时先把线槽的实际长度，线管的走向长度了解清楚，线缆敷设完毕后，两端必须留有足够的长度，各拐弯处、直线段应整理后得到指挥人员的确认符合设计要求方可掐断。

四十、噪波干扰

1、现象

（1）系统传送电视频道数量多时，容易产生各种噪波干扰。

（2）交流声干扰、网纹干扰、交扰调制干扰或重影等。

2、危害及原因分析

（1）危害

1）通过电源的内阻和公共地线阻抗的耦合产生的干扰。

2）电容静电耦合。这些电容往往是寄生电容，通过互感作用（如线圈或变压器的漏磁），产生电磁耦合。

3）系统无法播放。

（2）原因分析

1）干扰的来源是非常复杂的，有来自外界，也有 CATV 系统内部产生的，要认真观察图像上噪波形状，根据现象分析判断噪波产生的原因。

2）电磁波辐射。天线信号输入输出线、电源线等都能接收或辐射干扰波。系统设备的非线性失真引起的。

3、防治措施

（1）正确设计分配网络，保证设备工作在正常状态，由于干线放大器的非线性特性，会产生交扰调制和相互调制的干扰信号，所以为保证系统的信号质量指标，减少输出电平偏高带来的交扰调制和相互调制干扰。设备在选型、安装时应充分考虑外界环境带来的干扰，室内线路的敷设应避免电磁干扰和强场强区重影干扰。

（2）施工中要考虑设备部件不得安装在高温、潮湿或易受损伤的场所，如厨房、厕所、浴室、锅炉房等处。

第五章　电梯工程

一、轿厢底坑积水

1、现象

底坑或墙体渗水，底坑积水无法清除。参见图 5-1。

图 5-1　轿厢底坑渗水

2、原因分析

土建防水层没有做好，或安装打孔破坏防水层，底坑无集水井，积水清除困难。

3、防治措施

（1）安装前应严格验收，保证底坑不漏水或渗水，有条件时增加排水装置。

（2）在安装导轨支架、缓冲器、栅栏时应注意保护防水层，一旦防水层破坏，应及时修补。

二、轿厢组装结合处不平整

1、现象

轿厢板结合处不平整，高低明显，缝隙过大，厢板有严重划伤、撞伤。

2、原因分析

安装顺序不对，轿壁板装好后没有采取保护措施，在临时运输或调试时损伤壁板。

3、防治措施

（1）按正确的方法安装壁板：

1）先将组装好的轿顶临时固定在上梁下面（如未拼装的轿顶可待轿壁装好后安装）。

2）装配轿壁，一般按后壁、侧壁、前壁的顺序与轿顶、轿底固定，通风垫与镶条以及门灯、风管等应同时一起装配。

3）轿门处前壁和操纵壁垂直度应不大于 1/1000，轿壁拼装时要注意上下间隙一致，接口平整。

（2）壁板装好后，在正式交付前要用木板或纸箱板保护壁板。

三、轿厢在运行中抖动或晃动

1、现象

电梯无论在快速运行或慢速检修运行中，有明显的颤抖现象，但没有异常的声音。

2、原因分析

导轨安装误差较大，导轨接口处不平，导轨支架松动；各曳引绳张紧力不一致，曳引绳的松紧度差异大；曳引机座固定不牢，有较大间隙；滚动导靴的滚轮磨损不均匀，滑动导靴的靴被磨损过大；曳引机速箱蜗轮、蜗杆磨损严重，齿侧间隙过大。

3、防治措施

（1）二人在机房，另二人在轿厢顶上，在机房者，用郎头敲击颤动明显的曳引绳，使轿厢顶上的人得知确定需调整的曳引绳。调节双螺母，使各绳张力相近似。

（2）将轿厢上的四角接点螺栓均松动一致后，让其自然校正，随后逐步拧紧，试验运行几次。重新进行校正及紧固螺栓。

（3）校正导轨垂直度、两导轨间距，按要求修光台阶。

四、轿顶反绳轮垂直度超差

1、现象

反绳轮垂直度超过 1mm，与上梁两侧间隙不一致，反绳轮没有安装保护罩和挡绳装置。

2、原因分析

反绳轮安装后没有调整，安装钢绳后没有及时装保护罩和挡绳装置。

3、防治措施

（1）轿厢安装后要对反绳轮的垂直度进行测量、调整，并应检查上梁与立柱的联结处是否紧密，有无变形。

（2）钢绳安装后立即安装保护罩和挡绳装置。

五、机房通风及防雨情况不良

1、现象

（1）机房通风情况差，机房温度高，不利于设备散热，严重时会导致电机控制设备及电缆等加速老化。

（2）机房门窗，排风扇口防风雨情况差，风雨天易造成雨水直接进入机房内，甚至烧坏电梯的电气设备。

2、原因分析

（1）未按电梯制造厂家对电梯机房的通风要求设计。

（2）土建单位未按设计施工。

3、防治措施

（1）机房设计前，设计单位需有所订电梯的梯型资料。

（2）土建施工时，需按照设计施工。

（3）电梯安装单位应与土建单位进行施工质量交接，按规范验收。

（4）设置排风设备或空气调节换气装置。

六、机房吊钩质量常见问题

1、现象

（1）吊钩材料单薄，承载量小或位置不正确，易发生吊装事故。

（2）吊钩埋入机房顶板或横梁上的深度不够，承载量小。

（3）吊钩设置位置与主机安装位置偏差大。

（4）机房没有设置吊钩，增加主机安装就位难度。

2、原因分析

（1）未按照电梯制造厂的有关说明对吊钩进行设计。

（2）土建单位未按照设计对吊钩的设置要求进行施工。

3、防治措施

（1）机房及吊钩设计前，设计单位需有所订电梯的梯型及相关资料。

（2）土建施工单位应按设计施工。

（3）电梯安装单位在进场前与土建的交接验收包括吊钩的设置应安全可靠、位置正确。

七、井道尺寸及留洞偏差

1、现象

（1）井道平面尺寸偏小。

（2）井道垂直度偏差过大。

（3）预留孔洞或预埋件尺寸偏差大，不符合电梯制造厂对井道土建施工要求。

（4）各层门口留洞偏差大。

（5）各层站按钮孔洞大小、深度不够，偏差大。

2、原因分析

（1）土建单位未按图施工或施工质量差；建设单位更换电梯品种或型号。

（2）设计单位未取得所订电梯型号的相关技术参数要求，自行参照某一型号电梯土建留洞尺寸要求设计，与实际所订梯型不相符。

（3）土建施工粗糙，未按图施工或施工质量差。

3、防治措施

（1）电梯安装单位应尽早了解土建结构，对尺寸不符合安装要求的地方，及时提出，以便修正；不宜修正的方面，要与建设单位、土建单位和设计单位协商，采取相应的补救措施。

（2）仔细核对电梯型号、电梯制造厂提供的土建图与土建施工图，井道的平面尺寸与图纸对照，可偏大，严禁偏小。

4、优质工程示例

参见图 5-2。

图 5-2　电梯井道优质工程

八、电梯井道铅垂线偏移

1、现象

电梯井道铅垂线在安装过程中发生偏移；施工中铅垂线晃动严重，影响正常施工。

2、原因分析

样板架变形，样板架未固定好或底坑样板架移位，铅垂过轻，并未作阻尼处理。

3、防治措施

（1）制作样板架要选用韧性强、不易变形、并经烘干处理的木材，木料要保证宽度和厚度，并应四面刨平互成直角。提升高度超过60m时，应用型钢制作样板架。

（2）样板架变形或移位应重新测量、固定样板架。

（3）铅垂一般应5kg重，当提升高度较高时，应用大于5kg的铅垂，铅垂线可使用0.7～1.0mm的低碳钢丝。

（4）样板架上需要垂线的各处，用薄锯条锯一斜口以固定铅垂线。底坑样板架待铅垂线稳定后，确定其正确位置，用U型钉固定铅垂线，并刻以标记，准备铅垂线碰断时重新垂线用。

九、井道顶层及底坑尺寸不规范

1、现象

（1）井道顶层高度不够，电梯故障冲顶时，顶层缓冲距离不够，不能有效保护轿厢免受撞击。

（2）井道底坑深度不够，电梯故障蹲底时，井底安全空间不符合要求，不能有效保护位于轿顶或井底的维修人员的人身安全。

（3）底坑渗水严重，未做防水处理；底坑内有杂物、泥水、油污，不清洁。轻则导致井道内电梯部件因潮气而生锈，积水严重时会使井底的安全开关或其他电梯部件浸入水中，损坏电梯。

2、原因分析

（1）设计单位未按建设单位提供的电梯型号要求的顶层和底坑尺寸设计。

（2）土建施工未达到设计单位的尺寸要求。

（3）土建未做好井底防渗漏。

3、防治措施

（1）设计单位应按所定电梯型号、速度对顶层高度及底坑深度的要求设计。

（2）土建施工单位应按设计施工。

十、电梯层门套变形

1、现象

门与门套不垂直、不平行，开门不稳，有跳动现象，门中与地坎中未对齐，门与门套间隙过大或过小，层门外观有划伤、撞伤。

2、原因分析

门套安装不垂直，层门安装后没有调整好，层门导轨、地坎导槽不清洁，层门安装和调整中没有注意保护层门外观。

3、防治措施

（1）门套安装前检查门套是否变形，并进行必要的调整。

（2）门套与地坎联结后用方木将门套加固，并测量门套垂直度。

（3）浇灌水泥砂浆时，采用分段浇灌法，以防止门套变形。

（4）在吊挂层门门扇前，先检查门滑轮的转动是否灵活，并应注入润滑脂，清洁层门导轨和地坎导槽。

（5）用等高块垫在层门扇和地坎之间，以保证门扇与地坎面间隙。通过调整门滑轮座与门扇连接垫片来调整门与地坎、门套的间隙。

（6）层门中与地坎中对齐后固定钢丝或杠杆撑杆。注意旁开式门各铰接点间的撑杆长度相等，各固定门的铰链位于一条水平直线上。钢丝绳传动的层门钢丝绳须张紧。

（7）注意保护层门外观，外贴的保护膜在交工前再清除。

十一、电梯层门地坎安装不规范

1、现象

层门地坎水平偏差大于 2/1000，地坎没有高出最终地坪面，且无过渡斜坡，地坎晃动，不稳固。同一楼面的电梯层门地坎不在同一标准平面内。

2、原因分析

层门地坎的安装高度没有按最终地坪（如地毯面等）计算。层门地坎下没有用混凝土浇实或未保养好，就安装门框等，造成地坎移位。

3、防治措施

（1）依据土建提供的地坪标准线，一并考虑地面的最终装饰面（包括地毯），确定地坎上平面的标高。

（2）地坎下面的地脚铁上好后，用 C20 以上细石混凝土或同等强度的砂浆浇埋地坎，按标准线及水平标高的位置进行校正稳固，并应注意地坎本身的水平度。地坎浇埋稳固后，要保养 2～3d 方可安装门框等部件。

（3）地坎高出地面 2～5mm，并应做 1/110～1/50 的过渡斜坡。装饰地面（包括地毯）可不做过渡斜坡。

十二、层门地坎与轿厢配合尺寸超标

1、现象

轿厢地坎与各层门地坎间距不一致、不平行，偏差超标。开门刀与各层门地坎、门顶滚轮与轿厢地坎间隙大于 10mm 或小于 5mm。

2、原因分析

层门地坎安装时放线不准，两线不平行或层门地坎与轿厢间距离算错。层门地坎安装产生误差。

3、防治措施

凿去高出地坎边沿垂直平面的部分。层门地坎安装前，应根据精校后的轿厢导轨位置的样板架，悬挂放下的标准线确定层门地坎的精确位置。安装时注意标准线不能走动。

十三、平层不准确

1、现象

电梯平层不准确，尤其是轿厢空载时与满载时平层不准确。

2、原因分析

电梯调整平层前没有先做平衡系统凋整，平层调整时电梯额定重量不正确，平层运行速度太快。

3、防治措施

（1）平层的调整应在平衡系统调整后及静载试验完成后进行。平层运行速度应符合说明书要求。

（2）在电梯中加 50% 的额定重量，以楼层中层为基准层，调整感应器和铁板位置。

（3）固定调整好感应器后，在调整其它楼层平层时只调整铁板位置（应反复多运行几次进行调整）。

十四、安全钳导致轿厢倾斜

1、现象

（1）安全钳动作时，两侧不能同时动作，使轿厢倾斜。

（2）安全钳动作后，安全钳电气开关未动作。

（3）安全钳动作时，机械结构先动作，电气开关后动作。

（4）安全钳不动作。

2、原因分析

（1）由于限速器失灵，或安全钳楔块与导轨侧工作面之间间距偏大，使得电梯超速下行时，安全钳不动作。

（2）由于限速器动作速度过低，电梯在额定速度下运行时，安全钳就动作。

（3）由于导轨发生位移，使安全钳与导轨间隙变小，电梯在额定速度以下安全钳就动作。

（4）由于安装安全钳时，安全钳楔块与导轨间隙不均匀、一侧间隙大，一侧间隙小或有异物在里面，安全钳动作后，使轿厢倾斜严重。

（5）安全钳电气开关位置不合适，使安全钳动作时不能按电气、机械的顺序先后动作。

3、防治措施

安全钳是电梯运行中极重要的超速保护环节，与限速器一起配合工作，它的工作情况的好坏，直接导致电梯超速保护系统的工作是否可靠，直接影响乘梯安全。

（1）安全钳楔块拉杆端的锁紧螺母应锁紧，确保限速器钢丝绳与连杆系统的连接可靠。

（2）试验向上拉限速器钢丝绳，连杆系统应能迅速动作，两侧拉杆应能同时被提起，安全钳开关被断开，松开时，整个系统能迅速回复，但安全钳开关不应自动复位。

（3）调整安全钳楔块与导轨侧面应有均匀合适间隙，反映到拉杆的提起，应有一定的提升高度；一般国产电梯的楔块间隙为 2～3mm，当楔块斜度为 5° 时，反映到提升高度应为 23～34mm。

（4）检查安全钳拉杆的提升拉力应符合有关要求。

（5）当轿厢下行速度达到额定速度 115% 及以上时，限速器楔块动作，轧住限速器绳，对安全钳拉杆产生提拉力，使安全钳楔块轧住导轨，以免使轿厢快速下行发生坠底事故。

十五、安全钳动作异常

1、现象

安全钳动作时，两侧安全钳不能同时动作，使轿厢发生变形。安全钳动作后安全钳急停开关未动作，电梯控制电路未切断。

2、原因分析

两侧安全钳的工作面间隙不一致，上梁横拉杆、杠杆没有调整好，拉杆弯曲，安全钳急停开关未调整好位置。

3、防治措施

（1）安装前先校正垂直拉杆，调节上梁横拉杆的压簧，固定主动杠杆位置，使主动杠杆、垂直拉杆成水平，两侧拉杆提拉高度一致。

（2）调整钳楔块工作面与导轨侧面间的间隙，间隙应均匀一致。

（3）调整急停开关位置，检查电路，先作模拟试验，动作正常后再作正式的安全钳试验。

（4）检查轿厢底水平度，轿厢变形时要重新调整。

十六、安全钳试验漏做

1、现象

导轨工作面两侧无试验痕迹，说明没有做安全钳试验；试验后导轨工作面不修光，导靴磨耗快。

2、原因分析

没有认识到试验的重要性和试验后不修光导轨的后果。

3、防治措施

电梯检修速度运行时，在机房人为操作让限速器动作，试验后应检查擦痕，并立即进行修光和检查轿厢是否变形，调整安全钳间隙。

十七、电梯制动器调整不规范

1、现象

制动器抱闸闸瓦不能紧密地合于制动轮工作表面上。松闸时不能同步离开，其四周间隙不平均，而且大于 0.7mm。

2、原因分析

出厂时抱闸制动瓦没有修正，闸瓦不能紧密地合于制动轮工作表面上，制动器没有调整好。

3、防治措施

（1）安装前应拆卸电磁铁的铁芯，检查电磁铁在铜套中能否灵活运动，可用少量细石墨粉作为铁芯与铜套的润滑剂，调整电磁铁，使其能迅速吸合，并不发生撞芯现象，一般应保持 0.6～1mm 的间隙。

（2）修正瓦片闸带，使之能紧贴制动轮，调整手动松闸装置。

（3）调整松闸量限位螺钉，使制动带与制动轮工作表面间隙小于 0.7mm，调整时可一边调整后再调另一边；调整制动瓦定位螺钉，使制动瓦上下间隙一致。

（4）调紧制动弹簧，使之达到：

1）在电梯作静载试验时，压紧力应足以克服电梯的差重。

2）在作超载运行时，压紧力能使电梯可靠制动。

十八、缓冲器安装不牢固、精度差

1、现象

缓冲器底座与基础接触面不平整，接触不严实，所垫垫片过小，紧固无弹簧垫；缓冲器不垂直，两缓冲器不能同时接触；液压缓冲器工作不正常，放油孔有漏油现象。

2、原因分析

不严格按标准规定施工，不熟悉电梯说明书要求，当液压缓冲器油路不畅通或锈蚀时没有清洗。

3、防治措施

（1）基础应处理，根据规程要求和缓冲器型式确定安装高度，用垫片来保证两缓冲器顶面在同一高度，缓冲器底座垫片应大于底座接触面的1/2。

（2）液压缓冲器应测量垂直度，偏差不大于0.5%。

（3）认真阅读理解安装说明书，并检查有无锈蚀和油路畅通情况，必要时进行清洗，清洗后更换垫片，并按说明书要求注足指定牌号的油。

十九、电梯曳引机、导向轮固定不可靠

1、现象

承重梁螺栓孔用气割开孔或电焊冲孔，开孔过大，损伤工字钢立筋；承重梁斜翼缘上使用平垫圈固定，螺栓与工字钢接触不紧密；当曳引机弹性固定时，两端无压板、挡板。

2、原因分析

不了解施工方法和作业要求，工作责任心差，固定承重梁时测量不正确，造成承重梁偏移，开孔后修正时损伤立筋，或开孔过大。

3、防治措施

（1）加强对标准、规范的学习，不断提高操作人员的责任性和操作水平。

（2）承重梁位置应根据井道平面布置标准线来确定，以轿厢中心到对重中心的连结线和机器底盘螺栓孔位置来确定，保证在电梯运行时曳引绳不碰承重梁，安装时不损伤承重梁。

（3）当曳引机直接固定在承重梁上时，必须实测螺栓孔，用电钻打眼。对螺栓孔过大的，必须进行加固，对严重损伤工字钢立筋的应更换承重梁。

（4）用与承重梁斜翼缘斜度一致的斜方垫圈固定曳引机，使螺栓与承重梁紧密接触。

（5）弹性固定的曳引机，在曳引机的顶端用挡板固定，在后端用压板固定，防止曳引机位移。

二十、曳引轮、导向轮垂直度超差

1、现象

曳引轮、导向轮（复绕轮）垂直度超差，两轮端面平行度超差，使曳引绳与曳引轮、导向轮（复绕轮）产生不均匀侧向摩损，引起曳引绳的振动，影响电梯的乘座舒适感。

2、原因分析

曳引轮、导向轮安装时没有按要求反复测量、调整。只注意空载时的垂直度，满载后垂直度超差。只注意两轮的垂直度，而没有注意两轮间的平行度。

3、防治措施

（1）根据曳引绳绕绳型式的不同，先调整好曳引机的位置，注意应按轿厢中心铅垂线与曳引轮的节圆直径铅垂线，调整曳引机的安装位置。

（2）曳引机底座与基础座中间用垫片调整，使曳引轮的空载垂直度偏差在 2mm 以内，并有意向满载时曳引轮偏侧的反方向调整，使轿厢在满载时曳引轮的垂直度偏差在 2mm 以内。

（3）调整导向轮，使曳引轮与导向轮的不平行度不超过 1mm（在空载时）。

二十一、曳引钢绳头制作缺陷

1、现象

钢绳与锥套歪斜，钢绳松散。曳引钢绳绳头"巴氏合金"浇注不密实，没有一次与锥套浇平或锥套小端孔口处无少量合金溢出。

2、原因分析

浇注时锥套没有垂直固定好，钢绳捆扎方法不对，扎紧长度不够。"巴氏合金"加热温度不够高，锥套没有预热或预热温度不够，合金未渗至孔底。

3、防治措施

（1）清洗锥套内部油质杂物及应弯折的钢丝绳头，用 0.5～1mm 的铅丝将钢绳松散根部扎紧。

（2）"巴氏合金"加热熔化后应除去渣滓，温度应在 270℃～300℃之间，浇注时将锥套大端朝上垂直固定，并在小端出口处绕上布条或棉纱，把锥套预热到 40℃～50℃，然后将溶液一次性注入锥套。浇注前应将钢绳与锥套调正成一直线，浇注要饱满，表面平整一致，并留出一至半个绳股，以便能观察绳股的弯折。

二十二、曳引绳安装缺陷

1、现象

钢绳没有擦洗干净，曳引绳头固定前没有充分松扭；曳引绳头装置紧固后，销钉穿好没有劈开或未穿销钉；各绳张力不均匀，其相互偏差大于 5%。

2、原因分析

没有将曳引绳放开拉直检查，放绳场所不清洁，没有用柴油或汽油擦洗钢绳，测量张力的方法不正确。

3、防治措施

（1）截绳前，应选择宽敞、清洁的地方，把成卷的曳引绳放开拉直，用柴油将绳擦洗干净，并消除打结扭曲、松股现象。

（2）曳引绳头装置紧固后，立即穿好销钉并将其劈开。

（3）根据电梯曳引钢绳的长短，用 100～300N 的弹簧测力计，在轿厢停在井道 2/3 高度处，测量对重侧每根钢丝绳沿水平方向，以同样的拉开距离时的张力值，并对曳引绳头装置进行调整，调整后需将电梯运行一段时间后再次测量、调整。使张力值满足式(5-1)要求：

$$\frac{F_{\max} - F_{\min}}{F_{avg}} \leqslant 0.05 \qquad\qquad （式 5\text{-}1）$$

式中：$F_{\max}$——张力最大值。

　　　$F_{\min}$——张力最小值。

　　　F_{avg}——张力平均值。

二十三、电梯运行速度慢

1、现象

电梯在运行中，快速与慢速的速度差不多。

2、原因分析

电源电压过低；主电路接触器触点接触不良；制动器报闸间隙过小，运行时未能完全打开；抱闸线圈内有异物，动作不畅。

3、防治措施

（1）检查调整制动器，使松闸间隙稍变大一些。

（2）校正导轨，排除其松动、接头处错位等毛病。

（3）检查调整导靴，使其垂直。

二十四、电梯运行时摩擦声较大

1、现象

电梯运行中其声音越来越大。

2、原因分析

导轨润滑油不足；滑动导靴内有异物卡住，滑动导靴被磨损严重；机房内机械转动部分间隙过大，曳引机固定不牢；安全钳间隙过大，有时摩擦导轨。

3、防治措施

（1）更换靴衬，调整导靴弹簧压力。

（2）清洁导轨，清洗毡块。

（3）加强轿顶轮、对重轮、导向轮的润滑。

（4）紧固桥厢壁等部位固定螺丝。

二十五、电梯不能起动运行

1、现象

电梯不起动，曳引电动机有"嗡嗡"响声，电动机发热。

2、原因分析

控制系统内继电器、干簧管触点失灵，线圈烧坏、微动开关失灵等；控制元件安装、调整不准确；机械传动机构磨损或卡阻；熔丝烧断或焊接点不良。

3、防治措施

拆下电动机，更换新铜套（即滑动轴承），并将油室用煤油冲洗干净，重新加入干净的机油，至油标标准位置。

二十六、导轨支架安装不牢固、不水平

1、现象

导轨支架松动，焊接支架间断焊、单面焊；支架不水平，外端下垂，膨胀螺栓伸出墙面过长，砖墙用膨胀螺栓固定支架。

2、原因分析

支架地脚螺栓或支架埋深不足120mm，膨胀螺栓的钻孔太大，混凝土强度低，灌注时墙洞未冲净湿透，导轨支架临时固定后未测量水平度或支架固定水泥砂浆未完全凝固，就作支撑，安装其它支架。

3、防治措施

（1）埋入式：

1）支架埋入孔洞深度大于或等于 160mm。

2）支架开脚后，应用水将墙洞冲净湿透，用设计规定的混凝土固定，并用水平尺校正上平面。

3）先安装上下两个支架，待混凝土完全凝固后，把标准线捆扎在上、下两支架上，然后按标准线逐个安装。

（2）焊接式：

1）所有焊缝应连续，并应双面焊，焊接时应防止预埋铁板过热变形。

2）支架点焊在预埋铁板上后，应检查水平度，达到标准后再焊接。

（3）用膨胀螺栓固定时应选用合格的钻头打孔。

二十七、导轨垂直度超差

1、现象

电梯晃动、抖动，导靴磨耗过快，导轨局部明显弯曲。

2、原因分析

导轨安装时垂直度超差，导轨顶面间隙过小，导轨连接方法不对，导轨弯曲；安装前没有调整；导轨用螺栓直接固定或焊接固定，导轨热胀冷缩时，使导轨弯曲。

3、防治措施

（1）导轨安装前先检查，对弯曲的导轨要先调直。

（2）用专用校轨卡板自下而上初校，导板与导轨的连接螺栓暂不拧紧，用导轨卡板精调时，逐个拧紧压板螺栓和导轨连接板螺栓。

（3）用螺栓直接固定或焊接固定的导轨，应改用压板固定。

二十八、导轨接头缝隙大、修光差

1、现象

电梯导轨在接头处组装缝隙大，台阶修光长度不够，导靴磨耗快。

2、原因分析

导轨工作面接头处有连续缝隙，或局部缝隙大于 0.5mm，导轨接头处有台阶，且大于 0.05mm，台阶处修光长度短。

3、防治措施

（1）在地面预组装，先采用装配法，后用锉刀修正接头缝隙处，预组装后将导轨编号安装。

（2）导轨校正后进行修光，修磨接头处，用直线度为 0.01/300 的平直尺测量，台阶应不大于 0.05mm。修光长度应在 150mm 以上。

二十九、导轨下端悬空

1、现象

电梯运行后或安全钳动作后，导轨走动。

2、原因分析

导轨下端悬空底坑，导轨下无导轨座。

3、防治措施

在安装底坑第一根导轨时，先放人导轨座，导轨座应支承在地面，导轨下应放入接油盒。

三十、安全保护开关不灵

1、现象

电梯运行过程中安全保护开关误动作，使电梯无故停车。出故障时安全保护开关不动作。

2、原因分析

安全保护开关安装位置不对，固定不可靠，电路发生故障。

3、防治措施

（1）各安全保护开关和支架应用螺栓可靠固定，并有止退措施，严禁用焊接固定。

（2）检查各开关，不能因电梯正常运行时的碰撞和钢绳、钢带、皮带的正常摆动使开关产生位移、损坏和误动作。

（3）对控制柜和控制线路作模拟试验，模拟试验可带电动机，但禁止带动轿厢运行。

（4）模拟试验正常后可以进行慢车试验，试验时所有安全装置应全部接通，一般情况下不能短接。

（5）检查不动作或误动作开关的位置和电路，重新调整。

三十一、线管、线槽敷设混乱

1、现象

线管、线槽敷设不平直，不整齐，不牢固，控制线路受静电、电磁感应干扰大，电梯调试和运行时发生误动作。

2、原因分析

不按标准、规范施工，动力线与控制线没有隔离敷设，配线不绑扎，且没有接线编号。

3、防治措施

（1）应严格按标准规范施工，电线管用管卡固定，固定点不大于 3m，电线管管口应装护口，与线槽连接应用锁紧螺母；电线槽每根固定不少于两点，安装后应横平竖直，接口严密，槽盖齐全、平整、无翘角。

（2）阅读说明书，动力线与控制线隔离敷设。对有抗干扰要求的线路应按产品要求施工。

（3）配线绑扎整齐，并有清晰的接线编号。

三十二、电气设备接地不可靠

1、现象

电器设备外露可导电部分未接地或接零，且连接不可靠，接地线互相串接后再接地，在中性点接地的 9N 系统中，电气设备单独接地，零、地线混接。接地线未用黄绿相间的绝缘导线，计算机控制的电梯，其"逻辑地"（信号地）未按说明要求处理，而按电气设备安全接地处理。

2、原因分析

未按标准、规范施工，没有理解说明书要求。

3、防治措施

（1）认真学习标准、规范和安装说明书，提高业务水平。

（2）按标准要求接地，接地线用黄绿相间绝缘导线。电气线自进入机房，零线和接地线应始终分开。

（3）在 TN 系统中，除在电源中性点进行工作接地外，还必须在 PE 线及 PEN 线的终端重复接地。

（4）"逻辑地"按说明书要求处理。

三十三、电缆悬挂不可靠

1、现象

随行电缆两端以及不运动电缆固定不可靠，当轿厢压缩缓冲器后，电缆与底坑和轿厢底边框接触。随行电缆运动时打结或波浪扭曲。

2、原因分析

未按标准要求固定，轿底电缆支架与井道电缆支架不平行，电缆过长，未充分退扭。

3、防治措施

（1）将电缆沿径向散开，检查有无外伤、机械变形，测试绝缘性能和检查有无断芯。将电缆自由悬吊于井道，使其充分退扭。

（2）计算电缆长度后再固定。保证电缆不致拉紧或拖地。绑扎随行电缆，其绑扎长度应为30～70mm，绑扎处应离电缆支架钢管100～150mm。

（3）轿底电缆支架应与井道电缆支架平行，并使随行电缆处于井道底部时能避开缓冲器，并保持一定距离。

（4）多根电缆同时绑扎时，长度应保持一致。

三十四、轿顶配线防护不可靠

1、现象

轿顶无法排线管，配线没有防护。采用金属软管防护时固定不可靠，端头固定距过长。

2、原因分析

未按标准、规范施工。金属软管无固定点，固定困难。

3、防治措施

（1）轿顶配线应走向合理，尽量用硬管配线，无法配管的部位用金属软管保护。

（2）如需用软管应事先加工安装固定点，保证端头固定距不大于100mm。

（3）软管与箱、盒、设备连接处应使用专用接头。

三十五、传感器安装缺陷

1、现象

传感器及支架不能调整；传感器及支架松动。

2、原因分析

支架采用焊接固定；支架及传感器调整后没有可靠锁紧。

3、防治措施

改焊接固定为螺栓固定；支架及传感器调整后可靠锁紧，螺母要加弹簧垫。

三十六、电梯安装标准线存在误差

1、现象

由于安装标准线存在误差，牛腿和墙面修凿工作量增加。两部以上电梯并列安装时，各电梯不协调一致。

2、原因分析

样板架固定前没有根据各层井道平面尺寸、预留孔洞或预埋件位置进行测量，各层门地坎位置与牛腿本身宽度的误差没有全部考虑。两部和多部并列的电梯未作为整体来确定其安装位置。

3、防治措施

（1）由于土建井道施工一般垂直误差较大，安装前应在最高层层门口作基准线，进行测量，并根据测量数据，考虑层门及指示灯、按钮盒的安装位置，照顾多数层门地坎位置和牛腿宽度误差，通盘考虑。

（2）除考虑井道内安装位置外，要同时考虑各部电梯层门及门套与建筑物的配合协调，逐步调整样板架放线点，确定电梯安装标准线。

三十七、机房土建工程质量常见问题

1、现象

（1）曳引绳孔洞、限速器绳孔洞大小及位置不符合要求。

（2）机房地坑、槽坑未封盖及无挡水围堰。

（3）夏天室内温度过高。

（4）机房通井道的孔洞没有砌高 50mm 的台阶，机房内布置与电梯无关的上下水、采暖、蒸汽管道、阀门等。

（5）机房门向内开启。

（6）机房内无消防设施。

2、原因分析

（1）设计单位未按《电梯制造与安装安全规范》（GB 7588）设计。

（2）土建施工单位未按设计施工。

（3）建设单位擅自改变设计和机房使用功能。

（4）未能及时配备消防设施。

3、防治措施

（1）机房门必须改向外开启，机房增加通风散热措施，拆除机房内与电梯无关的管道，

并配备消防设施。

（2）按机房内最终地坪高度，在与井道连通的孔洞四周砌高 50mm 以上的台阶。

（3）安装单位进场前，要按规范进行验收，不符合规范之处，整改好后开工。

（4）机房设计前，设计单位需有所订电梯的梯型资料。

（5）土建施工时，需按照设计施工。

（6）电梯安装单位进场前，要按规范进行验收，并与土建方进行施工质量交接。

（7）土建结构上的缺陷能整改好的，整改好后才开工。

参 考 文 献

1 李沛云. 安装工程质量问题案例分析与处理. 北京：中国建筑工业出版社，2011

2 李娥飞. 暖通空调设计与通病分析. 北京：中国建筑工业出版社，2004

3 芮静康. 电气工程质量通病防治. 北京：中国建筑工业出版社，2006

4 广州市建设工程质量监督站等. 建筑工程质量通病防治手册（设备部分）. 广东：中国建筑工业出版社，2012

5 庄景山. 建设工程质量常见问题与防治系列 安装工程质量常见问题与防治300例. 北京：中国电力出版社，2015

6 安顺合. 建筑电气工程施工质量通病与防治. 北京：中国电力出版社，2006

7 李明海. 建筑电气工程施工常见质量问题及预防措施. 北京：中国建材工业出版社，2014

8 梁允. 水暖工程常见质量问题及处理200例. 天津：天津大学出版社，2010

9 张青立. 通风空调工程常见质量问题及处理200例. 天津：天津大学出版社，2010

10 陈有杰. 电气工程常见质量问题及处理200例. 天津：天津大学出版社，2010

11 沈春林. 防水工程质量通病防治手册. 北京：机械工业出版社，2011